城镇供水设施建设与改造技术指南实施细则

（试行）

中国城镇供水排水协会　主编

中国建筑工业出版社

图书在版编目（CIP）数据

城镇供水设施建设与改造技术指南实施细则：试行/中国城镇供水排水协会主编. —北京：中国建筑工业出版社，2013.6
ISBN 978-7-112-15415-9

Ⅰ. ①城… Ⅱ. ①中… Ⅲ. ①城市供水系统-中国-指南 Ⅳ. ①TU991-62

中国版本图书馆 CIP 数据核字（2013）第 102725 号

城镇供水设施建设与改造
技术指南实施细则
（试行）

中国城镇供水排水协会　主编

*

中国建筑工业出版社出版、发行（北京西郊百万庄）
各地新华书店、建筑书店经销
北京红光制版公司制版
廊坊市海涛印刷有限公司印刷

*

开本：850×1168 毫米　1/32　印张：3⅜　字数：88 千字
2013 年 6 月第一版　2014 年 7 月第三次印刷
定价：**25.00** 元
ISBN 978-7-112-15415-9
（24003）

版权所有　翻印必究

本书针对我国城镇供水设施现状、存在问题和实际需要，依据《城镇供水设施建设与改造技术指南》的相关内容，提出了具体的技术对策和措施，同时增加了工程实例部分，具有较强的针对性和可操作性。

本书内容包括总则、技术对策、原水系统、净水工艺、特殊水处理、应急处理、供水管网、二次供水、水质监控，适用于城镇供水设施的建设和改造的规划人员、设计人员和运行管理人员。

* * *

责任编辑：于　莉　田启铭
责任设计：张　虹
责任校对：王雪竹　赵　颖

前　言

为进一步加强我国城镇供水设施的建设和改造，提升各项设施水平，全面实施《生活饮用水卫生标准》GB 5749—2006，保障城镇供水安全，住房和城乡建设部、国家发展和改革委员会于2012年5月25日发布了《全国城镇供水设施改造与建设"十二五"规划及2020年远景目标》（建城〔2012〕82号文），（以下简称《规划》）。为配合《规划》的实施，住房和城乡建设部组织水专项饮用水主题专家组，总结、凝练和吸纳了"十一五"期间水专项的主要技术成果和示范工程经验，组织编制并印发了《城镇供水设施建设与改造技术指南》（以下简称《指南》）。针对我国城镇供水设施现状、存在问题和实际需要，依据《指南》的相关内容，中国城镇供水排水协会组织有关单位和专家编制完成了《城镇供水设施建设与改造技术指南实施细则》（以下简称《实施细则》），对《指南》内容进行了细化，提出了更为具体的技术对策和措施，同时增加了工程实例部分，具有较强的针对性和可操作性。《实施细则》列举的大量工程实例，对各地进行供水设施的建设与改造有一定的参考价值，对《规划》和《指南》的实施具有重要的促进作用。

《实施细则》适用于全国城镇供水设施的建设和改造的规划、设计和运行管理，涵盖城镇供水系统的各主要环节，内容包括总则、技术对策、原水系统、净水工艺、特殊水处理、应急处理、供水管网、二次供水、水质监控和水质监测网建设等，内容更为全面、系统和具体化，有助于各地的实际应用。

《实施细则》主编单位：中国城镇供水排水协会。

《实施细则》参编单位：深圳水务（集团）有限公司、清华大学、上海市政工程设计研究总院（集团）有限公司、中国城市规划设计研究院、天津市自来水集团有限公司、郑州自来水投资控股有限公司、城市水资源开发利用（南方）国家工程研究中心、沈阳水务集团有限公司、北京市自来水集团有限公司、上海市自来水奉贤有限公司、上海城投原水有限公司、北京市市政工程设计研究总院、沈阳建筑大学。

《实施细则》主要编写人员：张金松、张晓健、王如华、尤作亮、宋兰合、乔铁军、韩宏大、施东文、陆坤明、郑小明、张亚峰、刘永康、申一尘、刘丽君、陈超、张硕、舒诗湖、李琳、李荣光、高云鹤、顾军农、范玉柱、吴学峰、谭浩强、沙静、高伟国、李玉仙、张军锋、李国平、李涛、董红、王绍祥、王胜军、王敏、姚佐钢、傅金祥、赵玉华。

本《实施细则》评审专家：刘志琪、邵益生、何维华、洪觉民、沈裘昌、陈国光、何文杰、郄燕秋、刘文君、贾瑞宝、王耀文、张迎武、王晖、王荣和。

目　录

1 总　　则

1.0.1 为了提高城镇供水安全保障能力，全面实施《生活饮用水卫生标准》GB 5749－2006，深化《城镇供水设施建设与改造技术指南》（以下简称《指南》）应用的针对性和可操作性，制定本实施细则。

1.0.2 本实施细则适用于全国范围内城镇供水设施建设与改造的规划、设计、运行和管理，内容包括原水系统、净水工艺、特殊水处理、应急处理、供水管网、二次供水、水质监控等。

1.0.3 供水设施的建设与改造应根据当地社会经济条件、水源水质特征和供水系统现状等，因地制宜、科学规划、统筹安排、分步实施。

1.0.4 城镇集中式供水系统应以整体提高公共供水水质为目标，不宜采用饮水与生活用水分开的分质供水方式。

1.0.5 供水设施建设与改造方案，应在进行技术经济比较的基础上，合理选择。

1.0.6 供水设施的建设与改造应当充分考虑当地水源水质突发性污染和其他可能发生的突发事故的设施需求，综合提高供水系统的应急能力。

1.0.7 供水设施建设与改造，应重点解决供水系统的合理规划和布局、管网漏损和二次污染等问题，提高公共供水普及率，降低漏损率，保证管网服务压力和终端用户水质。

1.0.8 各地在进行供水设施的建设与改造时，应根据有关标准规范和规划的要求，配置相应的检测仪器设备，提高水质检测、监测预警和应急能力。

1.0.9 供水设施的建设与改造应积极吸收当前经实践检验的最新科技成果，鼓励使用新技术、新工艺、新材料和新设备，积极推进节能减排和绿色环保。

2 技 术 对 策

2.0.1 水源为《地表水环境质量标准》GB 3838—2002中Ⅰ、Ⅱ类水体的，新建水厂可采用常规处理；现有水厂因工艺或设施原因，造成出厂水浑浊度、消毒剂余量或微生物等超标的，应对常规处理进行完善或改造。

2.0.2 水源为《地表水环境质量标准》GB 3838—2002中Ⅲ类及以上水体的，且出厂水存在高锰酸盐指数（COD_{Mn}）、嗅和味以及氨氮等超标的，应优先采用强化常规处理；必要时应增设预处理或深度处理。

2.0.3 水源为季节性或偶发性污染，出厂水 COD_{Mn}、嗅和味等超标，而其他指标均能达标的，应在强化常规处理基础上，优先采用预氧化、粉末活性炭等预处理。

2.0.4 水源为常年氨氮超标的，可采取人工湿地等水源修复或生物预处理等措施，必要时可考虑其他处理技术；水源为季节性或间断性氨氮超标，且原水耗氧量不高的，可采用强化过滤等措施。

2.0.5 因水源问题导致出厂水铁锰超标的，应完善或增设除铁除锰工艺。地表水源水厂应重点考虑强化常规处理，地下水源水厂应完善或增设除铁除锰滤池。

2.0.6 水源溶解性总固体、硬度、氯化物等超标的，有条件的应选用替代水源或进行特殊处理；条件不具备的，可在配水系统中勾兑。

2.0.7 水源砷、氟化物、硝酸盐或其他污染物等超标的，或存在给人体健康带来风险的污染物，且造成出厂水水质超标的，应采用特殊处理或根据污染物特性采取相应的处理技术；必要时应经实验研究后确定处理技术。

2.0.8 水源存在突发性污染风险的，应统筹考虑水源调配、供水系统调度、水厂应急处理设施建设、应急物资储备等各种措施。

2.0.9 进行水厂建设与改造时，应先进行技术评估，选择恰当的技术方案，确定相应的工艺参数。

2.0.10 水厂应安装计量设施和控制系统，包括进水量、出水量、药剂投加量等。应优化水泵配置或设置变频水泵等措施。排泥水与反冲洗水应在充分考虑回收水水质的基础上，经适当处理后合理回收；条件不具备时，应达标排放。

2.0.11 进行管网建设与改造时，应进行技术评估后确定改造与建设方案，重点解决用水需求、系统安全、水质稳定、服务水压、管网漏损、节能降耗等问题。

2.0.12 二次供水设施的建设与改造应重点解决水压不足和二次污染引起的水质问题，加强二次供水设施的监管和维护，提高用户的用水条件和水质。

2.0.13 供水水质监测能力建设应以实现全流程监控为目标，统筹配置各级检测实验室、在线和移动式水质监测等设施和设备。条件具备时，应建立以水源水质为重点的监测和预警系统。

2.0.14 各地在进行供水设施建设与改造的同时，应逐步提高城镇供水系统的自动化和信息化水平，包括水源的自动检测和控制、水厂工艺调控和管网调度系统及地理信息系统、客户服务和抄表收费系统等。

3 原水系统

3.1 一般规定

3.1.1 水源应符合集中式生活饮用水水源水质要求，优先选择水量充沛、水质良好、易于保护的水源。有条件的地区，应建备用水源或原水储备设施。

3.1.2 以地表水为水源的，枯水流量的年保证率和枯水位的保证率不应低于设计规范的要求。以湖泊和水库为水源的，应采取分层取水。

3.1.3 以地下水为水源的，取水量应限制在允许开采量以内。

3.1.4 水源污染风险较大的，应建立水质监测预警系统。

3.1.5 水源长期存在水质问题的，应采取水源水质修复或预处理等措施。有条件的地区，经充分论证后可考虑替代水源。

3.2 水质预警

3.2.1 应根据当地水源水质特征，水源水体自净能力以及上游可能发生的污染物排放和泄漏等风险，选定水质预警因子和限值，设置水质预警监测系统。

3.2.2 以地表水为水源的，水质预警系统宜根据响应时间建在水源地上游；条件不具备时，也可建在取水口。

3.2.3 以地下水为水源的，宜在汇水区域或井群中选择有代表性的水源井建立水质在线监测系统。

3.2.4 未建立原水水质在线监测及预警系统的水厂应设置有代表性的水质监测点。

3.2.5 原水水质应检测浑浊度、pH 值、DO、电导率和水温等参数，也可根据原水污染特征设置氨氮、高锰酸盐指数等其他参数。条件具备的，应配备生物综合毒性在线监测系统。

3.2.6 水质预警系统的结构、组成和软件功能应完善可靠，且数据能够及时传输，以满足监测预警的要求。

3.2.7 在线监测的仪器设备应满足精度、灵敏度、范围等检测要求，并考虑管理维护方便。

3.2.8 宜建立水源水质预测模型，实时监控水源水质的变化，并就其对水处理工艺的影响和效果进行评估。

3.3 污染物控制

3.3.1 原水中存在高浊、高藻、氨氮和有机物等问题时，在水源地、引水渠或调蓄水库内可设置水源生态修复设施；必要时，可采取预沉淀、生物处理、生态修复、化学预氧化、粉末活性炭吸附、围油栏等预处理措施。

3.3.2 原水高浑浊度的，应考虑沉砂池、沉淀池、沉砂条渠、取水斗槽或边滩水库等预沉淀措施，选用时应综合考虑原水含沙量及其粒径组成、沙峰持续时间、排泥要求、处理水量、水质要求和地形条件等因素。有条件的地区可利用沉沙为基质建设湿地净化设施，含沙量较高时宜采用表面流湿地形式。含沙量大、冰凌严重的北方河流（如黄河）宜选择河床稳定、水文条件好的河段，采用斗槽式取水构筑物取水。

3.3.3 原水氨氮常年较高和水温合适的，如水厂无条件建设生物预处理而水源地有条件时，应在水源地设置生物预处理。生物预处理可结合场地条件采取新建处理构筑物，也可以结合输水管渠对河道和调蓄设施等进行改造。

3.3.4 原水长距离输送时，可在管（渠）起始端采取曝气等措施，加强生物降解氨氮能力。

3.3.5 原水含有浮游动物时，取水口预加氯可有效抑制浮游动物生长。

3.3.6 生态修复适用于污染物可被水生植物吸附或降解的地区，主要包括自然（人工）湿地、近岸人工生态工程和生态浮岛等。生态修复技术选择应针对当地的水源水质特性，充分利用地形和水文等自然条件。应加强水质生态修复设施的维护与管理，防止设施堵塞漫流。

3.3.7 以湖泊和水库为水源的，可采用放养滤食性鱼类、搭建浮床植物等生态工程、投放大麦秆（控制丝状蓝藻）和扬水曝气等抑制藻类生长。使用外来物种必须谨慎，防止其过度繁殖而破坏生态平衡。

3.3.8 化学预氧化和粉末活性炭吸附可用于色、嗅和味以及其他有毒有害物质的控制。水源与水厂距离适宜时，可在取水设施合适部位依次投加化学氧化剂和粉末活性炭，各投加点间应有足够的接触时间；采用原水输送管道（渠）时，亦应保证投加物与原水充分混合。

3.3.9 易受油类污染的水源，可选择围油栏设施，并考虑其充裕的滞油能力，防止其对水体造成二次污染。浮子式轻型围油栏、耐久性围油栏等设施适用于易受油类污染水源的厂前预处理。

3.4 工程实例

3.4.1 原水生态湿地治理

嘉兴石臼漾水厂规模为 25 万 m^3/d，水源来自新塍塘与北郊河等两条河道，水中氨氮和有机物含量高，浑浊度为 45NTU 左右，色度平均为 28 度，氨氮平均为 1mg/L 以上，最高达 6.13mg/L，COD_{Mn} 平均为 6.5mg/L 左右，最高达 12mg/L，总铁平均为 1.43mg/L，总锰平均为 0.23mg/L。

水厂水源生态湿地治理工程占地 3878 亩，设计规模 25 万 m^3/d。核心净化区共 1630 亩，其中：陆地 695 亩，水域 935 亩。净化区可分为 4 个区块：缓冲自净区、湿地根孔生态净化区、植物园净化区、引水区。其工艺流程如图 3-1 所示。

缓冲自净区起到了沉砂和缓冲作用，SS 减少 15%，其中：大颗粒减少 90%，石油类减少 30%，可阻挡垃圾和漂浮物进入湿地，在预处理区种植荷花、睡莲等植物。

某河道原水 ——→ 泵提升 ——→ Ⅰ缓冲自净区 ——→ Ⅱ湿地根孔生态净化区（城市道路以南）——→ Ⅱ湿地根孔生态净化区（城市道路以北）——→ Ⅲ植物园净化区 ——→ 连通河道 ——→ 箱涵1 ——→ Ⅳ引水区 ——→ 箱涵2 ——→ 规划湖区 ——→ 水厂取水口

图 3-1　嘉兴石臼漾水厂整个水厂水源生态湿地治理工程

湿地根孔生态净化区分为南区和北区，南区以湿地功能为主，兼有一定的景观功能；北区则兼顾湿地、绿地。该净化区主要利用湿地植物、土壤根孔，在水位变幅作用下，通过土壤吸附、截留、交替氧化还原、微生物降解等措施培育生物多样性，使水质进一步净化。净化后，氨氮减少 50%，石油类减少 60%，铁和锰减少 70%，COD_{Mn} 减少 40%（不含 11、12 和 1 月）。

植物园净化区设置在整个项目区的北侧，通过区内河流水系和植物吸附，使水体得到进一步净化。植物园净化区利用大面积水体进行净化，并起到储存水体、保障水厂供水安全、美化环境等作用。经过本区，可使 SS 和 COD_{Mn} 继续降低，并增加生物多样性。

引水区利用河道自净功能进一步净化水质，使取水口水质达到设计目标。

石臼漾生态湿地治理工程利用生态技术改善了原水水质，其中溶解氧平均增加了 115.9%，氨氮降低 36%，铁降低 33.5%，COD_{Mn} 降低 25%，锰降低 17.3%，总氮降低 15.9%，总磷降低 26%，同时还改善了生态区的景观环境。

实例分析：石臼漾生态湿地治理工程综合应用各种生态技术，提高了水源水质，减轻后续水厂处理负荷，适合于原水有机物和氨氮浓度较高，取水口至水厂区域有合适的用地建设生态湿地的城市供水系统。

3.4.2　曝气和粉末活性炭吸附

黄浦江为上海市主要供水水源之一，属于中等感潮汐河流，年平均流量 300m³/s，黄浦江上游由有斜塘（拦路港）、园泄泾、大泖港等支流会合至松江米市渡处，然后进入市区至吴淞长江口入海。黄浦江上游原水水质（松浦大桥）属于Ⅲ～Ⅳ类水平，主要污染物指标包括总磷、高锰酸盐指数、氨氮、挥发酚等，溶解氧仅能符合Ⅳ类水域的要求。原水中氨氮浓度呈冬季高、夏季低的特点，全年中一半左右的时间超过最高标准值，冬季水质受氨氮污染非常严重；同时高锰酸盐指数浓度无季节性变化，浓度值接近或超过最高标准值。

上海黄浦江上游引水工程的取水泵站，设计规模为540万m³/d，位于黄浦江松浦大桥下游约2km处。取水口宽度约为500m，如图3-2所示。原水经水泵提升至调压池，通过钢筋混凝土暗渠自流至临江泵站，中途部分水量送至长桥水厂，临江泵站将原水再提升至调压池，再通过暗渠自流至严桥泵站，再向下游送至南市水厂、杨树浦水厂。

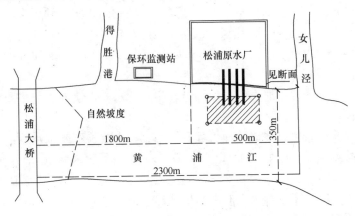

图3-2　上海市黄浦江上游取水口所处位置

原水溶解氧浓度低时，大桥泵站在调压池中可采取曝气措施；输水渠道在输水过程中沿途每2km设有检查井通大气；经临江、严桥调压池也可提供复氧条件，因此输水渠道中可同时发生人工曝气和自然复氧双重作用，也可仅靠自然复氧。大桥泵站水中氨氮全年不大于2mg/L，依靠管渠中的自净能力，到达各厂的原水氨氮可不大于或等于1mg/L。

粉末活性炭预处理设施位于松浦泵站厂区东北部，调压池边，工艺采用粉末活性炭湿投系统，将干粉末活性炭调制成一定浓度的溶液，再通过投加泵、管道投加于调压池中四条输水管的入口处，具体流程见图 3-3。粉末活性炭预处理工程设计处理水量为 500 万 m^3/d，粉末活性炭投加设备防潮运行投量为 5mg/L，最大设计投量为 25mg/L。粉末活性炭具体投加量根据原水水质、取水河段人类活动情况及其他工程经验确定。粉末活性炭投加系统目前已稳定运行多年，处理效果良好。

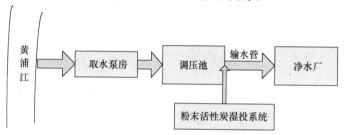

图 3-3　粉末活性炭投加系统流程

实例分析：曝气和粉末活性炭吸附适用于原水水质受有机物污染较严重的情况，曝气可以提高水中溶解氧水平，粉末活性炭能广谱去除有机物，这些措施可以在一定程度上缓解水厂处理的负担。

3.4.3　生态调控

陈行水库位于上海市宝山区，于 1992 年利用长江南支边滩岸线圈围而成。水库占地面积为 $135 \times 10^4 m^2$，有效库容为 $860 \times 10^4 m^3$，目前夏季高峰日供应原水量已经达到 $200 \times 10^4 m^3$，约占上海市区原水供应量的 1/3。因长江水中总氮、总磷等浓度较高，陈行水库达到了富营养状态。近年来，长江沿线众多支流、湖泊水华现象频发，大量藻类被带入下游，为陈行水库带来了丰富的藻类种源。2004 年和 2005 年，陈行水库局部水域发生了水华现象。

为了保障供水安全，陈行水库自 2006 年开始采用非经典生物操纵法，放养鲢鱼、鳙鱼等滤食性鱼类，滤食性鱼量为 3g 鱼/

m³ 水。根据气象条件，利用水库水位变化实现岸坡清藻。在凌晨短时间抬高进水水位，随后水库因出水水位不断降低，上浮的微囊藻粘附在水库岸坡四周，日出后被暴晒干枯，实现物理除藻。

通过以上措施，陈行水库出水叶绿素 A 浓度始终控制在 $10\mu g/L$ 以下，绝大部分时段在 $3\mu g/L$ 以下，保证了供水安全。水库滞留区藻类生长得到有效控制，未再发生藻类局部水华现象，有效保证了上海市供水安全。

实例分析：生态调控措施可改善原水水质，既经济，又环保，对于控制藻类水华形成效果显著。实际应用中应根据水域面积、深度，富营养化状况等调节操控手段，实现精细化和规范化管理，避免生物放养带来新的水质问题。

3.4.4 水源水质监控与预警

深圳市用水超过 80% 来自境外引水，属资源型缺水城市，用水具有高度的对外依存性。东湖泵站于 1994 年 5 月投入运行，日最大供水能力为 120 万立方米，其主要功能是提升深圳水库的原水，通过加压将原水输送至笔架山水厂、梅林水厂、大涌水厂、南山水厂以及梅林水库和铁岗水库，承担深圳水务集团原特区内 70% 的原水输送任务。原水水质会受季节因素的影响，存在氨氮等超标、藻类繁殖、有藻毒素释放等现象，严重影响供水安全。为掌握饮用水源水质的实时变化情况与趋势，对水源水质突变和突发性污染进行预警，从水源环节上保证供水水质安全和供水体系的稳定运行，深圳水务（集团）有限公司通过国家"863"科技专项研究在东湖原水泵站管理所建立了水源水质预警监测示范工程，以水质毒性生物监测系统 RTB 为一级预警，配置常规理化指标（pH、浊度、温度、溶解氧、电导率）及有机污染综合指标（氨氮、COD_{Mn}、叶绿素、UV_{254}）形成多层级的预警监控系统，实现对供水系统的动态监控，保证供水安全。

水源水质预警监测系统针对进水水质进行连续检测，通过生物预警快速反映水体综合毒性，同步分析水质常规指标和有机物指标，实现对水质信息的显示、查询、存储、评估、判断报警等功能，当水质异常或有污染现象时，除本地外，亦可通过网络和通信技术现异地客户端和短信报警。本系统由水质自动监测模块、数据采集模块、预警信息化平台等组成，具体如图 3-4 所示。

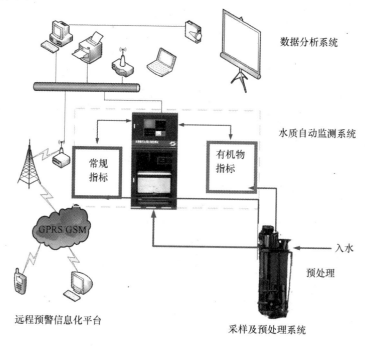

图 3-4 原水泵站水源水质预警监测系统组成

水源水质预警监测系统集生物指标和理化指标于一体，由生物在线监测和水质参数在线监测两部分组成。水源水质预警监测系统主要由自动采样、水样预处理、水质自动分析、数据采集、现场控制和通信等部分组成，能实现从采样、分析、记录、数据统计到远程数据传输等一系列过程的自动运行。该系统可实现数据分析、判断、预警，并可实现监测数据的显示、查询、导出等功能。

为反映水源水质变化特征，在线水质指标选择了生物指标、常规理化指标和有机物指标。

（1）生物预警指标：主要反映水体综合安全对活体生物的毒性大小，采用深圳水务（集团）有限公司自主研发的水质毒性生物监测仪（Realtime Toxicity bio-monitor，RTB）。水质毒性生物监测仪由生物培养系统、生物图像采集系统、图像处理系统、数据处理与分析系统、报警信息发布系统五部分组成。该仪器通过实时采集鱼的行为参数，并与鱼在正常水体中行为参数相比较，通过生物行为解析软件包统计分析，计算水体的综合安全指数，根据安全指数的不同范围，实现对水质综合安全的实时监测和报警，同步远程和短信告知客户供水系统安全情况，为供水安全提供了保障。

（2）常规指标：主要反映常规水质情况，包括 pH、浊度、温度、溶解氧、电导率。

（3）有机污染综合指标：主要根据深圳原水水质情况，选取氨氮、COD_{Mn}、叶绿素 a（荧光）、UV_{254}进行有效监测。

实例分析：水源水质预警监测系统通过生物指标、常规理化指标、有机污染综合指标的多级预警监控和分析，快速判断水质安全，极大地提升了水资源保护工作，提高供水安全突发事件的快速应急能力，从根本上应对突发污染事故，为水源水质安全保障提供支持，降低饮用水污染对社会的危害，为人民群众的生命财产安全、社会的安全和经济建设的发展发挥不可估量的作用。

4 净水工艺

4.1 一般规定

4.1.1 应根据水源水质、处理规模、净水工艺、水质要求和运行管理等因素，通过试验确定预处理、常规处理、深度处理和膜处理等工艺。

4.1.2 预处理设置于常规处理之前，可采用生物预处理、化学预氧化、粉末活性炭吸附、预沉淀等。条件不具备的，也可于水源取水口采取污染物控制措施。

4.1.3 常规处理由混凝、沉淀、过滤和消毒等组成，可去除浊度、微生物和大分子量有机物等。原水有机物、藻类含量较高，超过常规处理能力时，可通过常规处理强化措施以达到理想的处理效果。

4.1.4 经常规处理后仍不能满足出水水质要求时，应采用深度处理。

4.1.5 应合理利用排泥水，避免排泥水直接排放。排泥水排入河道、沟渠等天然水体或城镇排水系统的，水质必须符合《污水综合排放标准》GB 8978—1996 的相关要求。排泥水回用应不影响出厂水水质。

4.1.6 自动控制系统应结合工艺监控、生产管理的实际情况，避免过分追求系统配置高端化和控制范围扩大化，保证系统的实用性和经济性。

4.2 预 处 理

4.2.1 化学预氧化

1 原水嗅和味、铁、锰、有机物和藻类等超标的，可采用化学预氧化处理，常见的氧化剂包括氯、次氯酸钠、高锰酸钾、二氧化氯和臭氧等。不能满足出水要求时，可将化学预氧化与生物预处理相组合。

2 应合理确定氧化剂的投加点和投加量，有效控制其副产物产生，减少对后续处理的不利影响。投加多种氧化剂时，应合理确定投加点，避免与混凝剂、吸附剂等相互影响，充分发挥各种药剂作用。有条件时，应优先通过试验确定有关参数。

3 预氧化剂与待处理水应充分混合，并有足够的接触时间，以保证预氧化的处理效果。

4 预氧化剂的投加设施、药剂储备和系统运行维护等应严格遵守相关规范和规程的要求。

5 采用预氯化时应严格控制三卤甲烷、卤乙酸、三氯乙醛等副产物含量。加氯间、投加设备和漏氯吸收装置等必须满足国家有关规定的要求。

6 采用二氧化氯时应严格控制亚氯酸盐和氯酸盐等副产物含量。二氧化氯应现制现用，制备方法有化学反应法、电解食盐法、离子交换法等。制取二氧化氯的化学原料应设置独立房间储存，并符合相关化学品使用和安全规定。

7 高锰酸钾应投加在混凝剂投加点前，氧化接触时间不应少于 3min。高锰酸钾投加量可通过试验确定，投加量不宜过大，避免因投加量过高导致的出厂水色度或锰超标问题。投加时，可配制成 1%～4% 的高锰酸钾溶液后用计量泵投加。高锰酸钾宜存放在室内，配制好的高锰酸钾溶液不宜长期保存。

8 采用臭氧时应严格控制溴酸盐等副产物。应设置臭氧尾气消除装置，排入环境中的余臭氧浓度应低于有关限值。与臭氧接触的材料应能耐腐蚀。臭氧发生器分为空气源和氧气源两种，空气源适合于较小规模的臭氧发生量，氧气源可直接利用液氧或现场制备，适合于中等规模以上的臭氧发生量，气源选择应经比较确定。

9 原水剑水蚤、红虫、贝类等生物含量高而影响水厂运行或出水水质的，可通过投加二氧化氯、臭氧、氯、氨等来控制，可在进水、混凝后或沉淀后选择一点或多点组合投加。

4.2.2 生物预处理

1 原水氨氮、有机物和藻类等超标的，且气候适宜（原水水温长年不低于5℃）时，可采用生物预处理，常见的预处理包括生物接触氧化和生物滤池。

2 生物预处理前不宜投加氯、二氧化氯等氧化剂；反冲洗水中不应含残余氧化剂，以免对生物膜造成损害。

3 生物预处理的工艺参数包括停留时间、气水比和填料填充率等，应通过试验确定。条件不具备时，可参照相似条件下已有水厂运行经验，生物接触氧化的停留时间宜为1~2h，生物滤池的停留时间宜为15~45min。

4 生物预处理应保持正常曝气和进水均匀稳定，出水宜设置在线溶解氧测定仪，以控制合适的曝气强度。出水溶解氧宜控制在4mg/L以上。

5 生物预处理应选用比表面积大、空隙率高、易挂膜、耐水力冲击、化学与物理稳定性好的填料。

6 生物接触氧化可采用硬性填料、弹性填料和悬浮填料等填料，硬性填料宜采用分层布置；弹性填料宜利用池体空间紧凑布置，如梅花型方式；悬浮填料可按池体积30%~50%的比例投配，并设置防止填料堆积及流失的措施。

7 生物接触氧化的进水可采用底部进水、上部出水或者侧面进出水等方式。进水可采用穿孔花墙配水方式，出水可采用堰式配水方式。应设置斗式排泥或机械排泥，底部设置放空设施。

8 生物滤池结构应与所用滤料类型相适应，根据处理水量和反冲洗强度确定滤池格数，每格滤池面积不宜大于100m²。配水和集水宜采用渠道和堰等方式，不宜采用压力管道直接配水。过流方式一般采用下向流；采用上向流时，滤料应采用相对密度小于1的轻质滤料，冲洗方式宜采用下向流且冲洗强度大的反冲洗方式，并应设置格栅、格网等预处理，以及防堵塞配水系统等。生物滤池的气反冲洗系统和曝气系统不宜采用同一配气系统，应分开设置，曝气系统宜布置在气反冲洗系统上方。

9 生物滤池的滤料粒径应根据进水水质、气水流向等确定。进水浑浊度高或气水异向流时，宜选用粒径较大的滤料。

4.2.3 粉末活性炭吸附

1 原水有异臭或异味，但有机物污染程度较低的，可采用粉末活性炭吸附。

2 粉末活性炭投加量主要与水中有机物含量、嗅和味等有关，一般为 5～20mg/L，应急投加时可采用 20～40mg/L。最佳投加量可通过试验确定，考虑到活性炭吸附受水温影响较大，宜测定不同温度的最佳投加量。

3 应选择合适的粉末活性炭投加点，避免与其他药剂相互干扰。粉末活性炭投加点应远离加氯点，且不宜与高锰酸钾和混凝剂等同时投加。

4 粉末活性炭应与水充分混合，并保证有足够的接触时间。接触时间可根据粉末活性炭对水中污染物的平衡吸附时间确定，一般不小于 30min；必要时可设接触池。

5 粉末活性炭宜采用湿式投加，粉末活性炭投加方式包括自动投加和人工投加。投加时，粉末活性炭的调配浓度为 5%～8%；投加量少时也可将调配浓度降到 3%～5%。

6 投加管道宜采用无毒、耐腐蚀且内壁光滑的给水用聚丙烯管（PP-R）、聚乙烯管（PE）、硬聚氯乙烯管（PVC-U）或工程塑料（ABS）等管道，流速宜为 1.0～2.0m/s。

7 粉末活性炭可根据供货方式和进料方式采用仓库或储罐存放。粉末活性炭宜密闭储存，避免活性炭受潮和粉尘污染空气甚至引发爆炸。粉末活性炭储存、转输、投加应采取防尘、防爆、防火等安全措施。

4.3 常 规 处 理

4.3.1 混凝

1 混合主要包括管道混合和机械混合等。水量稳定、水头充裕时，可采用管道混合；水量变化大时，可采用机械混合。

2 絮凝有水力絮凝和机械絮凝两种方式，水力絮凝可采用折板絮凝、网格（栅条）絮凝等。机械絮凝的搅拌强度可根据水量和水温变化进行调节。

3 强化混凝可采用增加混凝剂的投加量、调整 pH 值和改善混凝反应条件等措施。

4 适当降低 pH 值可提高混凝沉淀对高锰酸盐指数的去除效率。

5 预氧化、粉末活性炭吸附、助凝和污泥回流等可增强有机物和混凝剂间的相互作用，提高絮体的沉降性能，改善高锰酸盐指数和色度等去除效果。

6 宜逐步采用混凝投药控制技术以优化混凝过程，包括流动电流检测器、单因子投药控制和絮体分形投药控制等。

7 通常除了储备混凝剂外，还应根据需要增加助凝剂、预氧化剂、粉末活性炭、酸液、碱液等药剂的储备，以应对突发事件。

4.3.2 沉淀/澄清/气浮

1 沉淀可采用平流、斜管（板）等形式。平流沉淀池构造简单，管理方便，抗冲击负荷能力强，建设场地允许时可优先采用。斜管（板）沉淀池沉淀效率高，建设场地受限时可采用。

2 应优化水力条件提高沉淀效率，平流式沉淀池较宽时，可沿纵向分隔或设置导流墙；斜管（板）沉淀池宜采取缩小斜管口径、减小斜板间距或延长斜管（板）长度等措施，以增加有效沉淀面积。改造条件受用地限制时，可在原平流沉淀池内增设斜管（板）。

3 原水浑浊度低时可采用机械澄清池、高密度澄清池、水力脉冲澄清池等。在场地条件受限时，可考虑采用澄清池内增设斜管（板）以提高沉淀效果；降低活性泥渣回流比以提高容积利用率等。

4 原水为低温、低浑浊度、高色度或高藻时，宜采用气浮以达到良好的去除效果。

5 原水浑浊度变化大，且季节性藻类暴发时，可采用浮沉池或浮滤池。

4.3.3 过滤

1 滤池改造应以提高出水水质为目的，包括更换滤料、改造反冲洗系统等，必要时可采取投加助滤剂等强化措施。并通过提高滤池自动化水平，配置单格水质在线浊度监测仪，增设初滤水排放管道，加强对滤池的运行管理。

2 滤料级配应合理，并优先采用均匀级配石英砂滤料。

3 滤池应优先采用气水反冲洗方式，配水配气可采用长柄滤头等。

4 宜逐步改造无阀滤池、虹吸滤池和普通快滤池，采用的措施包括均匀级配石英砂滤料、气水反冲洗方式等。

5 新建水厂可采用Ⅴ型滤池或翻板滤池，Ⅴ型滤池单池过滤面积大，可采用单一均匀级配滤料；翻板滤池滤料不易流失，可采用双层滤料。

4.3.4 消毒

1 消毒应满足微生物灭活要求，还应满足消毒剂余量或副产物控制的有关标准，消毒方式的选择应因地制宜。常用的消毒剂有液氯、次氯酸钠、氯胺、二氧化氯和臭氧等。

2 可采用替代消毒剂、多点投加、组合消毒和清水池水力优化（内部廊道总长与单宽之比应大于50）等措施改善消毒效果。

3 采用氯消毒时应控制三卤甲烷等消毒副产物产量。滤后加氯应采用以水量为前馈，滤后水余氯值为后馈的双因子控制方式，应配置负压加氯设备、自动检测和控制仪器。

4 采用液氯消毒在运输、储存、使用过程中存在较大安全风险时，可用次氯酸钠代替液氯。

5 原水耗氧量较高且消毒副产物产生风险较高时，宜采用氯胺消毒。应通过试验确定氯与胺的投加量和投加比；条件具备时，应采用在线总氯分析仪，同时测定总氯和游离氯含量，合理控制加氯量。

   6 采用二氧化氯消毒时应采取预防亚氯酸盐和氯酸盐等超标的控制措施，应根据原水水质及时调整投加量，高纯二氧化氯投加量不应大于 1mg/L，复合二氧化氯投加量不应大于 1.5mg/L；确保二氧化氯发生器在正常工况下工作，准确控制原料投加比，保证原料的转化率，反应残液及时排放；复合二氧化氯发生器应设气液分离装置。

   7 原水溴离子含量高的，采用臭氧消毒时应防止溴酸盐超标；采用紫外线消毒时，应有后续消毒以确保出厂水消毒剂余量。

   8 管网末梢残余消毒剂量不达标时，应根据出厂水水质及消毒剂余量在管网中的变化，采取提高出厂水消毒剂余量、中途加氯、二次供水补加氯等措施。

4.4 深度处理

4.4.1 采用臭氧生物活性炭时，应考虑水温等因素的影响，北方地区应重点考虑低温对生物作用的影响，适当延长炭床接触时间；南方地区应重点考虑生物泄漏问题，采取浮游生物拦截和消杀措施。

4.4.2 臭氧可采用预臭氧、主臭氧或两种形式的组合。预臭氧投加量一般采用 0.5~1 mg/L，主臭氧投加量一般采用 1~3mg/L，原水水质复杂时，臭氧投加量宜以试验确定。臭氧投加量及其在预臭氧和主臭氧阶段的分配应根据原水水质经试验确定。

4.4.3 臭氧接触池的结构设计除了考虑接触时间外，还应考虑臭氧的分布均匀性。臭氧接触池为全封闭钢筋混凝土结构时，有效水深可为 6~8m，设计水力停留时间可为 12~15min。三点投加时，臭氧投加比例可为 4:3:3；两点投加时，投加比例可为 1:1；投加比例可根据具体水质特征进行调整。预臭氧可采用水力投加方式，主臭氧可采用微孔扩散方式。

4.4.4 原水溴离子浓度高于 $100\mu g/L$，采用臭氧氧化时，可采取投加过氧化氢、控制臭氧投加量、优化投加点等措施抑制溴酸盐产生；必要时，应采取溴酸盐去除措施。

4.4.5 活性炭池型可选择气水反冲滤池，并注意集、配水的均匀性。活性炭选用可参考相关标准和指南。

4.4.6 水源中枝角类、桡足类等浮游动物生长旺盛时，应在取水口采取投加氯、二氧化氯等生物灭活措施，防止其活体或卵进入活性炭池；活性炭池的反冲洗应具备采用含氯水反冲洗的条件；活性炭层底部石英砂垫层不宜低于 500mm。

4.4.7 原水氨氮浓度小于 1mg/L 或高锰酸盐指数小于 5mg/L 时，可选择炭砂滤池，炭层厚度不小于 1m 或接触时间不小于 5min。

4.4.8 原水氨氮浓度大于 3mg/L 或高锰酸盐指数大于 8mg/L，采用臭氧生物活性炭时，宜在常规处理前增加预处理；出水水质仍不能满足要求时，可采用两级臭氧生物活性炭。

4.4.9 为控制臭氧生物活性炭生物泄漏，可选择上向流活性炭工艺，并设置砂滤或膜处理。上向流活性炭工艺可不设置中间提升泵房，适用于常规处理改造，也适用于新建水厂。

4.4.10 采用上向流活性炭工艺时，进水浑浊度宜在 1.0NTU 以内。

4.4.11 上向流活性炭的炭层厚度为 2.5m，炭层停留时间为 12～20min，上部可以指形槽出水。反冲洗宜采用气水反冲洗方式。

4.5 膜 处 理

4.5.1 膜处理包括微滤、超滤、纳滤及反渗透等。当控制出厂水浑浊度时，可选择微滤和超滤；当去除溶解性有机物和离子等物质时，可采用纳滤或反渗透。

4.5.2 应根据原水水质、出水要求以及建设场地和资金等因素，通过试验或参照已运行的工程实例选择膜和系统流程。在选择膜通量设计值时，应考虑水温对膜通量的影响。

4.5.3 压力式膜应布置成封闭系统设于车间内，出水、反冲洗及化学清洗均应在密闭的管路内进行。

4.5.4 浸没式膜应设在水池内，可分隔布置成若干独立的膜池，或将膜组分块直接布置在沉淀池等池体内。膜出水可采用虹吸或水泵抽吸方式。

4.5.5 膜材料宜采用化学性能稳定、耐污染和卫生安全的材质；膜组件的支撑材料宜采用不锈钢或其他耐腐蚀材料。膜使用寿命不宜低于 5 年。

4.5.6 超滤的布置形式，新建水厂可采用外压式或内压式膜组件；改扩建水厂可利用现有沉淀池或滤池，采用浸没式膜组件或其组合工艺。

4.5.7 超滤产水率不宜小于 95％，其生产废水可回流至水厂混合井或水厂废水处理系统，或采用两级超滤系统进行回收。

4.5.8 原水水质是超滤膜前预处理设置的主要依据。当膜进水浑浊度＞10NTU 时应增加相应的膜前预处理；水中憎水性有机物含量大时，可在膜前增加混凝工艺，使原水中 DOC 去除 70％以上。

4.5.9 原水浑浊度较低时，可采用混凝—超滤或微絮凝—超滤组合处理工艺；原水浑浊度较高时，可采用混凝—沉淀—超滤组合工艺。

4.5.10 原水高锰酸盐指数低于 5mg/L，并存在季节性藻、嗅和味等问题时，可在超滤前增设粉末活性炭、预氧化等工艺。

4.5.11 膜清洗周期和药剂可根据进水污染物特征及试验确定。膜在线维护性清洗周期宜大于 1 周，在线化学清洗周期宜大于 3 个月，离线化学清洗周期宜大于 6 个月。

4.5.12 膜离线化学清洗、设备维护和应对事故时，膜系统或主要设备应有备用。

4.5.13 应对膜组件进行完整性检测，检测频率应保证每天一次；出水浊度或颗粒数显著增加时，应停止该膜组件运行并查找原因。

4.6 排泥水处理

4.6.1 排泥水包括滤池反冲洗水和沉淀池排泥水等。排泥水处理系统应根据排泥水水质、水量和处置要求等确定。

4.6.2 滤池反冲洗水可考虑直接回用；沉淀池排泥水应经调节、浓缩或沉淀后回用，脱水后滤液不建议回用。

4.6.3 排泥水处理包括调节、浓缩、脱水和泥饼处置等。工艺选择应根据社会环境、自然条件、原水水质、净水工艺和最终处置等确定，必要时需通过试验并进行技术经济比较后确定。

4.6.4 调节可分为排泥池和排水池。排水池和排泥池宜进行分建，当水厂规模较小且排泥水不回用时，可考虑采用合建。调节池用于调节水量时，池内应分别设沉泥和上清液取出设施；调节池用于调节水质和水量时，池内应设搅拌机、曝气机等扰流设施。

4.6.5 浓缩包括重力浓缩、离心浓缩和气浮浓缩。高有机质活性污泥以及比重轻的亲水性无机污泥浓缩，可选择气浮浓缩。离心浓缩池不宜单独选用，但泥饼达不到预期含水率，或对于难于浓缩和脱水的亲水性无机污泥，可选择离心浓缩。重力浓缩可采用辐流式重力浓缩池、斜板浓缩池和高密度浓缩池等。

4.6.6 脱水应优先选择机械脱水，主要有板框脱水机、离心脱水机和带式脱水机。脱水机械应优先采用板框脱水机、离心脱水机，对于一些易于脱水的泥水，也可采用带式脱水机。为改善污泥脱水效果，可增设预处理措施，主要包括石灰预处理和高分子絮凝剂预处理。

4.6.7 泥饼处置须遵守国家和当地颁布的有关法规和标准。泥饼处置可采用填埋方式，有条件时应尽可能有效利用。

4.7 自 动 控 制

4.7.1 自动控制系统的总体结构、软硬件设备、网络通信方式等应优先采用稳定可靠、技术先进的产品。

4.7.2 自动控制系统的软硬件平台应符合相关标准，系统应便于扩展、升级和二次开发。

4.7.3 自动控制系统应采用分布式结构，主干网宜采用光纤通信，以提高系统的抗干扰能力和传输速率。

4.7.4 应根据水厂工艺和总平面布置，按照就近采集和单元控制的原则设置区域控制子站。各控制子站在监控现有信号点的同时，还应考虑10%～20%的输入输出通道冗余。

4.7.5 现场控制设备应能够支持数字量、模拟量、现场总线等信号接口，以满足不同生产数据采集需要，同厂内宜使用相同品牌系列的硬件产品。

4.7.6 设备自带的控制系统应提供开放的数据接口，便于接入水厂自动化系统，避免出现信息孤岛现象。

4.7.7 应采取相应的防雷和抗干扰措施，保证在各种条件下运行的可靠性。

4.7.8 监控组态软件应具有良好的开发界面和系统兼容性，能方便地开展组态画面的开发和与现场设备数据连接的工作。

4.7.9 监控画面应有全厂主画面、各工艺分画面、设备控制画面、历史曲线画面和报警总览等。

4.7.10 监控系统应具备对访问操作的身份进行验证和权限管理功能，确保系统数据安全。

4.8 工 程 实 例

4.8.1 预处理

1 悬浮填料生物接触氧化池

嘉兴贯泾港水厂原水取自长水塘支流贯泾港，水中有机物污染和铁锰等金属污染较严重。预处理采用预臭氧＋生物预处理组

23

合工艺，高效沉淀池前设置投加高锰酸钾，见图4-1。

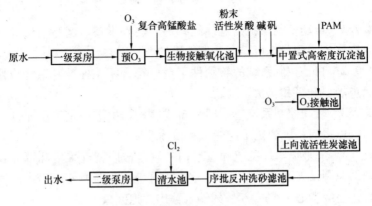

图4-1 贯泾港水厂工艺流程

生物接触氧化池按一期规模15万 m³/d 进行设计。设计采用悬浮填料，停留时间45min。高锰酸钾复合药剂最大投加量1.5mg/L，平均投加量1.0mg/L，投加浓度1%。投入运行后，生物接触氧化池去除氨氮效果明显，水温较高时（>10℃），氨氮平均去除率为75%以上，水温较低时（5~10℃），氨氮平均去除率为50%以上。全年出水氨氮平均值为0.5mg/L，生化池氨氮平均去除率为67%。生化池对 COD$_{Mn}$ 和浑浊度也有一定去除。

实例分析：悬浮填料生物接触氧化池适用于原水有机物污染和铁锰等金属污染较严重的地区，为了提高处理效果，可与其他深度处理技术进行组合。

2 新型圆柱悬浮填料生物接触氧化池

平湖市古横桥水厂二期工程规模为5万 m³/d，原水取自盐平塘，属于劣 V 类水体，主要污染指标为 COD$_{Mn}$ 和氨氮。COD$_{Mn}$ 平均值为 9.8mg/L，原水氨氮月平均浓度在 2.5~8.0mg/L 之间。原水色度、亚硝酸盐浓度也较高。

二期工程采用生物预处理＋常规处理＋深度处理的工艺流程，如图4-2所示。

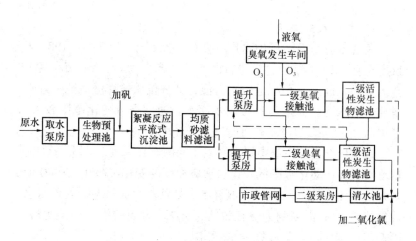

图 4-2 二期扩建工程工艺流程

生物预处理采用悬浮填料生物接触氧化池，停留时间 1.0h。经生物接触氧化池之后，氨氮平均去除率达到 80% 以上。生物接触氧化池对 COD_{Mn} 也有一定去除。

古横桥水厂二期工程运行时，投加了 0.5mg/L 的高锰酸钾复合药剂，进水锰含量为 0.3～0.4mg/L，沉淀池出水 0.15mg/L，砂滤池出水低于 0.05mg/L。

三期工程仍采用生物预处理工艺，并将设计参数作一定调整，延长生物接触氧化池停留时间至 1.5h，气水比提高至（0.8～2.5）：1。为提高该工艺对水质变化的适应能力，采用聚丙烯圆柱形填料，填料比表面积为 300～400m²/m³。三期工程建成后，COD_{Mn} 去除率近 50%，氨氮去除率超过 60%

实例分析：新型圆柱悬浮填料生物接触氧化池适用于原水有机物污染和铁锰等金属污染较严重的地区。当原水污染较严重，为了提高处理效果，可延长生物接触氧化工艺的停留时间，进一步提高悬浮填料生物接触氧化池对亚硝酸盐和有机物的去除效果，使冬季去除氨氮更有保障，避免硝化自氧菌和异氧菌对溶解氧的竞争。必要时，可与后续深度处理技术进行组合。

4.8.2 常规处理

1 水厂投药系统

乌鲁木齐市石墩子山水厂（西区）始建于 1985 年，1987 年投产运行，1997 年经过扩建后设计处理能力为 8 万 m³/d，其工艺流程为：原水→预沉池→水力混合井→机械搅拌澄清池→虹吸滤池→清水池。原水为乌拉泊水库水，浊度季节变化范围较大，冬季为 2～10NTU，夏季有时高达 8000NTU。

该水厂在投药系统中暴露的主要问题有：① 原有计量泵的流量范围小，自动化水平低，无法适应浊度的变化，药耗大；② 混合井的旋流混合效果有限，混合出水易跌落形成气塞抽气，溢水现象严重；③ 混凝剂为带有颜色的液体聚合硫酸铁，污染滤料，影响出厂水色度，且腐蚀输水管道。

投药系统的整体改造方案充分利用现有设备，将现有的隔膜计量泵增加了变频控制柜，采用单泵单变频控制，原水浊度低时小计量泵单独工作，浊度高时计量泵全开。投药控制系统采用自适应投药控制设备。混凝剂选用聚合氯化铝，并针对原水水质春秋冬低温低浊、夏季高浊的特点，使用了辅助投药系统：投加黏土处理低温、低浊水；投加助凝剂 PAM 处理高浊水。在澄清池总进水管上安装管式静态混合器，将原有混合井作为备用，保留原有加药管路，抬高出水堰，把跌落出流改为淹没出流，避免气塞造成的混合效果问题。

自水厂改造投运以来，提高了投药系统自动化程度，系统的运行情况良好，控制方式可靠，大大降低了药耗。改造前混凝剂单耗平均为 16.3g/m³，改造后为 12.7g/m³，平均下降 22%。

实例分析：改造的针对性强，能达到预期效果，提高了水质，降低了药耗。

2 平流沉淀池

广州市西洲水厂于 20 世纪 90 年代投产，平流沉淀池设计规模为 55 万 m³/d，分为 4 组，单池处理能力为 13.75 万 m³/d，采用机械排泥车排泥。

水厂运行中有矾花带着气泡上浮，集水槽末端更明显，造成沉淀池出水浊度比中后部位池水的浊度还高。

经检查分析得出，上述问题主要受沉淀池积泥的影响，积泥处主要有：平流沉淀池进水口及出水末端底部、集水槽下部、池底、导流墙及池壁水线位置等。因此需要对上述位置进行改造，降低集水槽的集水负荷，调整排泥车的运行工况。①沉淀池进水口及出水末端改造：将排泥车路轨延长、采用光滑瓷砖铺砌斜坡面、减少滑泥阻力、在配水花墙底钻孔，避免沉泥堆积；通过拆除沉淀池末端的虹吸排泥管和排空阀，改装法兰封板、将导轨延伸到沉淀池出水渠上部的走道板上来延长排泥车吸泥范围。② 集水槽及其下部积泥区改装：每条集水槽的长度由 10m 延长到 15m，降低集水槽负荷；在集水槽支撑柱之间加捣混凝土斜坡，角度为 65°，以利于吸泥车吸走下部死泥。③ 对排泥车局部改造，将刮板底部及两侧增加橡胶片，保证将池底积泥都能刮至排泥车吸走；吸泥口采用鸭嘴形不锈钢嘴，长度 40～50mm，宽度 20mm；水面线位置增加转刷，降低水中微生物的风险。④ 将排泥周期由 24h 改为 12h，排泥车行走为全程排泥与半程排泥交替进行。

改造后，吸泥效果明显改善，行走半年后检查，池底已没有积泥现象；总排泥时间缩短，节约水量；在投矾情况不变的情况下，出水水质明显改善，沉淀池出水浊度在 1NTU 以下。

实例分析：沉淀池改造效果明显，出水浊度较低，为滤池创造了良好的进水条件。

3 机械搅拌澄清池

安吉供水公司拥有水库和河道两处水源，前者为常用水源，多数时段为低温低浊水，浊度一般在 15～25NTU；后者浊度一般在 10～30NTU，仅在夏季用水高峰时用作补充水源。水厂机械搅拌澄清池直径为 25m，深为 7.5m，设计处理能力为 1330m³/h。

存在的问题主要有：① 机械搅拌澄清池机械设施多、设备老化、能耗高、维护量大；② 处理水量达不到设计能力，且夏季两种水源使用时易产生异重流，影响出水水质；③ 超负荷运行时，出水浊度升高，排泥周期缩短，矾花翻池现象严重。

采用微涡流絮凝器和蜂窝斜管对该池进行综合性改进，在原水管道上增设管道静态混合器，以使混凝剂快速均匀地与水混合；保留原絮凝室、导流室以及池体外墙、支撑柱等，拆除池内的机械间、搅拌机、伞板以及絮凝室分隔部分、三角槽等墙体与障碍物；在第一、二絮凝室增设微涡流絮凝器，提高絮凝效率，改造后的接触絮凝时间为 6.5min；在沉淀区安装蜂窝斜管，长、宽、高分别为 1m、1m、0.87m，内径为 30mm，壁厚为 0.6mm，倾角为 60°，以提高絮凝后的泥水分离效果；将 $DN600$ 的进水无缝钢管加长至池中心，向上转 90°插入第二絮凝室内，并对出口进行适当处理。

改造完成后，出水浊度小于 3.0NTU，处理水量由 1330m³/h 提高至 1800m³/h。

实例分析：采用微涡流絮凝及斜管沉淀技术进行改造后，澄清池运行效果比较理想，出水水质明显改善，处理水量也能进一步提高。

4 气浮池

天津市芥园水厂已有 100 多年的历史，经过 1953 年、1959 年和 1981 年三次扩建、改建和挖潜增能改造，水厂的供水规模由 1949 年的 6.3 万 m³/d 达到现在的 50 万 m³/d。原水目前以引滦入津水为主要水源，在干旱年份引黄河水补充。芥园水厂采用常规水处理工艺，即混凝——沉淀——过滤——消毒。混凝采用旋流混合，隔板絮凝，混凝剂主要使用三氯化铁，助凝剂为活化硅酸（泡花碱）；沉淀采用斜管沉淀池和平流沉淀池；过滤采用无烟煤和石英砂双层滤料滤池和双阀滤池；消毒采用氯胺消毒。

存在的问题有：① 水厂现有的处理工艺和设施标准低、负荷大，要达到提高水质的目的需要降低生产负荷；② 对原水水质变化的适应性差；③ 在夏季藻类高发时，为了提高出厂水水质，加大了混凝剂的投加量，并投加聚二甲基二烯丙基氯化铵

（HCA）作为助凝剂和投加 CaO 调节出厂水 pH 值，药剂费用大大增加；④ 平流沉淀池沉淀时间短，沉淀效果差，且排泥时间长，排泥量大；⑤ 滤池反冲洗时间长、排水量大，但效果差滤床冲洗不净，影响过滤周期；⑥ 水厂生产工艺控制和管理落后。

根据原水水质特点和地区特点，结合以气浮为核心的强化常规工艺试验研究结果，确定了芥园水厂技术改造的工艺流程为：混凝→气浮→过滤→消毒，以达到安全可靠、技术先进、管理方便的目标，保证出水水质满足国家水质标准，并适当留有提高水质的发展余地。

芥园水厂技术改造工程在现有厂区内进行，建设规模 50 万 m^3/d。拆除厂区东部的斜管沉淀池和双向滤池，保留厂区西部的平流沉淀池、快滤池和双阀滤池，保证水厂在改造期间仍有 30 万 m^3/d 的供水能力。

在厂区东部建设一座综合性构筑物，由进水室、机械絮凝池、气浮池、滤池、接触池、加药系统、消毒系统以及相关电气和自控系统组成。主要改造方案：①进水室 2 座，原水通过喷射混合装置投加混凝剂和预氧化剂进入进水室，在进水室内投加石灰、助凝剂或粉末活性炭，采用混合搅拌器搅拌均匀。机械絮凝池分为两级絮凝，每级絮凝池 2 组 4 单元 16 座，絮凝时间 10min，速度梯度 G 值为 100s^{-1}。气浮池，2 组 8 座，水力停留时间 16min，溶气压力 $6 \times 10^5 \sim 7.5 \times 10^5$ Pa，气浮回流比为 9.4%。每个气浮池装有 160 个溶气释放器，每个释放器流量为 1.23～1.60m^3/h。排渣系统采用水力自动排渣。②滤池为无烟煤—石英砂双层滤料滤池，2 组 22 座，单池过滤面积 100m^2，滤速 9.7m/h。配水系统采用滤板滤头，单池滤头数量为 4200 个。反冲洗方式采用先气冲，气冲强度 40m^3/（h·m^2），时间 1min；再气水联合冲洗，气冲强度 40m^3/（h·m^2），水冲强度 10m^3/（h·m^2），时间 5min；最后高速水冲，水冲强度 40m^3/（h·m^2），时间 6min。接触池有效容积 12188m^3，水力停留时间 35min。加药系统包括预氧化剂、混凝剂、助凝剂、石灰或粉末活性炭的计量投加装置。同时，助凝剂也可投加到二级絮凝池或气浮出水渠中。③消毒系统采用短时游离氯后接氯胺的顺主序氯化消毒工艺。

2009 年气浮池（新系统）全年运行，平流沉淀系统（老系统）也同期运行，其中 1～4 月均采用三氯化铁混合液作为混凝剂，5～8 月采用聚合氯化铝作为混凝剂。在低温、低浊期平流沉淀系统出水浊度稍好于气浮系统，气浮系统出水浊度小于 1.2NTU。在处理高藻水时，气浮池的除藻能力明显优于平流沉淀系统。平流沉淀系统对藻类的去除率为 50%～63%，并且沉淀池中有絮体上浮；而气浮池对藻类的去除率为 68%～83%，对 COD_{Mn} 的去除率为 21%～45%。

实例分析：针对原水季节性变化的特点，采用不同的混凝剂和气浮除藻技术，效果明显，改造成功。

5 普通快滤池

大连大沙沟净水厂拥有两套净水系统，分别建于 1989 年和 1997 年，均采用常规水处理工艺，净化能力均为 20 万 m^3/d。滤池均为普通快滤池，滤速分别为 7.68m/h 和 7.00m/h，采用中阻力陶瓷滤砖配水系统，700mm 煤—砂双层滤料，250mm 多层级配卵石为承托层，采用单一水反冲洗，反冲洗强度为 15L/ $(m^2 \cdot s)$，过滤周期为 24h。

由于受陶瓷滤砖产品制造工艺和安装质量的影响，使用中滤砖出现裂缝、堵塞的现象，造成反冲洗布水不均，滤料冲洗不干净，滤料上层结有泥球，并逐渐出现部分滤砖破损、漏砂、承托层混乱、反冲洗周期短等问题，严重影响了出水水质。同时由于采用单一水反冲洗，耗水量大，能耗较高。

将原有中阻力陶瓷滤砖配水系统改为整体滤板小阻力长柄滤头配水；将原有的双层滤料改为石英砂均质滤料；将原有洗砂排水槽抬高并更新为新型断面的不锈钢洗砂排水槽；增设鼓风机及气管路，将原来的单一水反冲洗改为气水反冲洗；同时完善滤池的自动控制系统。改造后的滤池竖向各层高度如下：超高，

440mm；清水层，1200mm（洗砂排水槽顶至滤层顶520mm）；均质石英砂滤料层，1500mm；Azurfloor整体滤板层，310mm；池底找平层，50mm；总高，3500mm。

一系统、二系统改造分别于2006年7月和2006年11月完工并投入运行。改造后滤池效率大大提高，出厂水水质良好，滤池反冲洗配水、配气均匀，反冲洗效果良好。在保证出水浊度小于0.5NTU的条件下，处理能力可由改造前的40万m^3/d增加到50万m^3/d。

实例分析：滤池配水系统材质的选择和应用对滤池工作和出水效果影响较大，经针对性改造后获得成功经验。

6 顺序氯化消毒工艺

天津市凌庄水厂自1963年第一期投产以来，总共进行了三期工程的建设，现有的处理能力为50万m^3/d，并有一套设计规模为75万m^3/d的污泥处理系统。其主要水源为引滦水源，引黄水为应急水源。凌庄水厂现有净水工艺为常规处理工艺，即混凝→沉淀→过滤→消毒。反应采用大回流双层隔板反应；沉淀采用斜管沉淀池和平流沉淀池；过滤采用普通快滤池和双阀滤池；消毒采取两点加氯消毒方式。前加氯点有新混合井、老混合井共2处，采用折点后加氯。后加氯点有一滤站滤后水出口、二滤站滤后水出口、三滤站南侧滤后水出口、三滤站北侧滤后水出口共4处。

现有的消毒方式在原水水质较差时，氯容易与水中的有机物反应生成对人体有害的消毒副产物。

顺序氯化消毒工艺的实施方式如图4-3所示。先加入氯进行游离氯消毒，经过一个较短的接触时间（10～15min）后再向水中加入氨，把水中的游离氯转化为氯胺，继续进行氯胺消毒，并在清水池中保持足够的消毒接触时间（120min以上）。应根据水质的不同，选择适当的加氯量、游离氯消毒时间和适当比例的氨。清水池采用特殊的构造以满足调整短时游离氯消毒接触时间和池中加氨后的混合要求。将滤站内4个氨投加点全部后移至1

号～4 号清水库，每个水库上设置两个投加点，室外加氨管道采用 $DN50PPR$ 管道，并作保温（内层聚氨酯外缠玻璃布）。根据要求分别选择了符合工艺要求的水射器及加压泵。经计算，在水射器冲射水流为 $3～5m^3/h$ 的情况下，S324-15 型号的水射器能加入 $2.8～4.6kg/h$ 的氨；加压泵（IHF40-32-125 型氟塑料离心泵）水泵参数（流量 $6.3m^3/h$，扬程 20m）满足工艺要求，且耐腐蚀。改造后水厂消毒工艺具备氯胺消毒、顺序氯化消毒、多点投加顺序氯化消毒等多种投加方式。

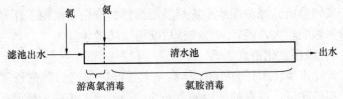

图 4-3　顺序氯化消毒工艺实施方式

　　该改造工程于 2008 年年底完工并投入运行。改造后采用短时游离氯后转氯胺消毒工艺，提高了消毒效果，降低了消毒副产物的生成量，三卤甲烷和卤乙酸的生成量分别降低 77.0% 和 54.8%，出厂水和管网水微生物合格率达到 100%。出厂水余氯值为 $1.0～1.3$ 时，管网中余氯值在 0.8 以上。该工艺通过游离氯与氯胺的优化组合，可安全经济地实现对微生物和消毒副产物的双重控制。

　　实例分析：该实例体现了顺序消毒的优点，尽可能控制出厂水余氯值在嗅阈值范围内。

7　次氯酸钠消毒工艺

　　上海市长桥水厂以青草沙的原水为水源，水质和水量都比较稳定。其供水规模为 140 万 m^3/d。

　　由于水厂位于上海市居民区附近，安全性不高，同时为了迎接上海世博会，为广大市民提供一个安全祥和的环境，应市政府的要求，决定对水厂及加压泵站的加氯消毒系统进行改造。

　　改造后上海长桥水厂次氯酸钠投加的流程为：供货商用槽车

将次氯酸钠原液运到水厂的待检池，检验合格后由提升泵提升至储液池内；储液池一般储存5～10d左右使用量；次氯酸钠采用离心泵分别在混合前和清水池前进行投加，即用离心泵提升至加药总管，每个投加点都有一用一备的加药管从加药总管接出，每根加药支管上都配有流量调节阀——依据加药量调节其开度，精确投加，每根调节阀后都配有流量计——校验投加量及流量比例或复合环控制之用；通过每根支管精确控制的加药量投加到每个加氯点。

次氯酸钠投加设备较小，减少了占地面积；新的消毒系统运行稳定，消毒效果与原氯气消毒基本相同；新系统的使用提高了水厂消毒的安全性；可以完全实现自动控制，减少管理及运行人员，基本实现无人值守。

实例分析：因城市发展，水厂在居民区附近的状况越来越多，已有一些水厂以次氯酸钠代替氯作为水消毒剂，在技术经济合理的前提下改善了氯的储运使用等安全问题，为同类水厂提供了经验。

4.8.3 深度处理

1 臭氧生物活性炭工艺

深圳市梅林水厂深度处理工艺是在原有60万 m^3/d 规模的常规净水工艺上增加的，总投资1.4亿元人民币，2003年8月起施工，2005年6月30日正式通水。水厂处理能力90万 m^3/d，处理工艺为预臭氧、机械混合池、折板絮凝池、平流沉淀池、V型砂滤池、中间提升泵房、主臭氧接触池、活性炭滤池和氯消毒等。

主要设计参数：预臭氧接触时间4min，设计水深6.0m，超高0.75m，O_3 设计投量1.0～1.5mg/L；机械混合池水力停留时间60s，速度梯度 G 值250～500s^{-1}；折板絮凝池反应时间14.32min，GT 值 $5.95×10^4$；平流沉淀池水平流速16mm/s，总停留时间1.6h；V型砂滤池单格面积13.99m×8.2m，设计滤速8.37m/h，单层石英砂厚1.5m，有效粒径0.95～1.35mm；

主臭氧接触池接触时间 10.6min，O_3 设计投量 2~2.5mg/L，余 O_3 浓度 0.2mg/L；BAC 滤池设计滤速 10.9m/h，接触时间 11.1min，柱形煤质活性炭，直径 1.5mm，长度 2~3mm，厚度 2.0m。

运行结果表明：出厂水浑浊度基本稳定在 0.050NTU 左右，水中 2μm 以上颗粒数基本控制在 50 个/mL 以下；嗅味物质的嗅阈值降低 80% 以上，色度均能稳定在 5 度以下；对 COD_{Mn} 的去除率为 11%~67%，对 TOC 的去除率可达 37%；细菌数和总大肠菌群数等微生物指标经过加氯消毒工艺完全可以达到水质标准。

实例分析：梅林水厂深度处理工程具有以下特点：①在原有常规处理的基础上增加了预臭氧、主臭氧、生物活性炭等工艺设施和设备；②规模大，其处理能力仅次于同一时期建成的 100 万 m^3/d 的广州南洲水厂，当时在全国居第二位；③工艺运行和处理效果稳定，特别是对有机物去除和口感等感官指标改善明显。值得注意的是，在南方湿热地区微型动物的生物安全风险、炭滤后 pH 值下降等问题要在以后的设计和运行中予以关注，并采取相应措施。

2 臭氧上向流活性炭工艺

嘉兴贯泾港水厂臭氧生物活性炭技术主要采用上向流活性炭滤池，主要目标物质为水中的有机物和氨氮，由于前面生物预处理和中置式高密度沉淀池对氨氮和浑浊度以及铁锰等物质有了较好的控制，所以臭氧生物活性炭的主要任务是降低出水的有机物含量。该工艺作为采取翻板滤池和臭氧活性炭深度处理工艺，尤其是臭氧活性炭前置工艺，代表国内受污染原水给水处理的先进水平。

臭氧接触池规模为 15 万 m^3/d，不设中间提升泵房。采用全封闭结构，接触时间 15min。分为独立 2 组。接触池分 3 次曝气头曝气接触，三阶段反应，最后经跌落出水至活性炭滤池。曝气头采用管式微孔曝气，臭氧向上，水流向下，充分接触。接触池内逸出的臭氧经负压收集、热催化剂破坏分解成氧气后排入大气。

臭氧接触池出水进入活性炭滤池，采用上向流运行方式，即下部进水，经过活性炭滤层过滤后，上部利用指形槽出水。活性炭滤池和砂滤池合建在一起，双排布置，一排为上向流活性炭滤池，另一排为砂滤池，设计规模均为 15 万 m^3/d，共用中间管廊。

活性炭滤池出水的 COD_{Mn} 浓度基本上都在 3mg/L 以下，经过后续序批气水反冲滤池对 COD_{Mn} 去除 10％～20％左右，出厂水加氯消毒之后 COD_{Mn} 浓度基本上在 2mg/L 以下，可满足浙江省优质饮用水的标准。出水经过序批气水反冲洗滤池过滤之后氨氮可以满足现行饮用水卫生标准的要求。经过上向流活性炭后，出水浑浊度比进水升高约 30％，但仍保持在 1NTU 左右，经后续的砂滤处理，出厂水浑浊度低于 0.5NTU。

实例分析：上向流活性炭吸附过滤是该厂工艺的突出特征，运行时炭床处于微膨胀状态，生物膜更新快、活性强。应注意该池型池深较大，对活性炭的粒径和强度要求严格，运行时对前、后段工艺的浑浊度控制要求高。

3 短流程深度处理工艺

东莞市第二水厂短流程深度处理工程改造重点是现有水厂石英砂滤池，每个滤池的处理水量为 5000m^3/d。水厂现有砂滤池的石英砂粒径为 0.8～1.3mm，滤层厚 0.7m；滤池滤速为 6.4m/h，冲洗方式为气水反冲洗；滤池长 6.5m，宽 5m，过滤面积为 32.5m^2；滤池总高度为 4.4m，其中石英砂滤料层为 0.7m，下部的配水配气槽和承托层为 1.5m，其中卵石垫层 0.7m。滤料表面距离反洗排水槽的底部为 0.49m，反洗排水槽高度为 0.66m，其顶部到滤池顶部的距离为 1.05m。

在水厂砂滤池中选择 2 个滤池，一个进行炭砂滤池的改造，在保证对浊度去除的基础上，增加对有机物、氨氮等污染物质的去除，全面提高滤池出水水质；另一个进行曝气炭砂滤池的改造，每个滤池的处理能力为 5000m³/d，在保证对浊度去除的基础上，提高去除氨氮的能力，在进水氨氮浓度不高于 3mg/L 时，出水氨氮浓度满足生活饮用水卫生标准对氨氮的要求。

1）炭砂滤池改造方案

滤料改为石英砂和活性炭，石英砂粒径 0.5～1.0mm，K_{80} <2.0，厚度 0.4m；活性炭粒径 8×30 目，K_{80}<2.0，采用煤质压块破碎炭，厚度 1m。改造滤池为恒速变水头过滤，滤池新增进水堰，单独在水面上进水，即以跌水的方式进水，采用炭钢材质。改造滤池出水系统，新增出水溢流堰，使之可以保证反冲洗后滤池水位高于滤料表面，溢流堰上边缘高于滤池内的滤料表面 0.1m，采用碳钢材质。为了增加滤池在深度方向可利用的空间，需要减小排水槽的高度，因此需要增加排水槽的个数，以保证反冲洗水的及时排放。拆除原有的 2 个反冲洗排水槽，按高程要求新建 3 个不锈钢反冲洗排水槽。拆除原有穿孔管大阻力配水配气系统，采用滤头配水配气系统，滤板滤头配水系统总高度 0.7m。减小配水配气系统的高度，可以争取更多的滤层空间以提高滤层厚度。改造后承托层采用粒径为 2～4mm 的粗砂，厚度为 0.2m。

炭砂滤池的运行周期为 2d。平时采用水反冲洗，根据需要定期采用气水反冲洗。单独水反冲洗的参数为：滤层膨胀率为 30%，按照冲洗强度为 15L/(s·m²)设计，冲洗时间 5～7min。气水反冲洗的参数为：采用先气后水的反冲洗方式，气冲洗强度 10L/(s·m²)，冲洗时间 2min；然后水冲洗，滤层膨胀率为 30%，按照冲洗强度为 15L/(s·m²)设计，冲洗时间 5～7min。反冲洗水采用水厂清水池出水，利用现有高位水箱提供反冲洗水。反冲洗进水管设手动、自动两个阀门，用手动阀门的开启度控制反冲洗强度。反冲洗用气由现有供气系统提供。由于炭砂滤池水冲洗强度和砂滤水冲洗强度相似，炭砂滤池气冲洗强度小于砂滤的气冲洗强度，因此滤池原有反冲洗进水管线和反冲洗进气管线无需改动。

2) 曝气炭砂滤池改造方案

曝气炭砂滤池是在上述炭砂滤池改造的基础上，在活性炭层增设曝气头和曝气管，通过鼓风机向滤池内曝气。滤池的滤层内设置曝气设施，设置在炭层表面下方 0.6m 处，即曝气下方有 0.4m 的炭层和 0.4m 的砂层。曝气头选用全表面布气刚玉管式微孔曝气器，沿排水槽布置曝气干管，按过滤面积均匀布置曝气竖支管，并横向安装曝气头，共 30 个，单个气量 $1m^3/h$，气水比范围 0.05～0.30。曝气设施仅在水中溶解氧不足时使用，主要是在夏季的排洪期。管廊上层房间内设置罗茨鼓风机一台，为充氧曝气装置提供气源，曝气干管沿滤池池宽方向布置，在三个排水槽两端分别连接曝气支管沿滤池长度方向布置，之后每隔 1.3m 安装竖管并最终连接微孔曝气器，为滤层充氧。

运行效果表明，炭砂滤池作为快滤池运行，可以保证对浊度的去除，运行期间其出水浊度均值为 0.17NTU，砂滤池出水浊度均值为 0.18NTU，炭砂滤池和砂滤池对浊度的去除效果相似。在前三个月的运行过程中，炭砂滤池对 COD_{Mn} 和 UV_{254} 的平均去除率分别为 56% 和 77%，而砂滤池对 COD_{Mn} 的平均去除率约为 17%，对 UV_{254} 基本无去除，炭砂滤池的运行效果明显优于砂滤池。炭砂滤池运行达到滤层生物活性稳定后，在待滤水氨氮平均进水浓度为 0.35mg/L 时，炭砂滤池出水氨氮浓度为 0.05mg/L 以下，亚硝酸盐氮无检出，去除效果与砂滤池差别不大。

实例分析：炭砂滤池短流程深度处理是臭氧生物活性炭深度处理工艺的一种简约形式，在用地和投资受限，原水仅受到季节性轻度污染时可以考虑采用。但由于缺少臭氧氧化、活性炭吸附接触时间不足等缺陷，应与高锰酸钾预氧化、粉末活性炭投加等措施相结合，健全措施，加强水质保障。

4.8.4　膜处理

1　活性炭与超滤组合工艺

深圳市沙头角水厂水源由江水、水库水和山水组成，主要存在嗅味、有机物污染等问题，且当地为南方亚热带气候，微生物孳生较严重。该水厂设计规模为 4 万 m³/d，原工艺包括格栅、穿孔旋流斜管沉淀池、双阀滤池、清水池（氯消毒）等。因建设年限较早，个别池体部分渗漏和设施老化，严重影响到供水安全。

在工艺技术升级方案中，将砂滤池改造成炭滤池，并在炭滤池后增加超滤膜工艺，形成活性炭-超滤工艺，提高微生物安全保障能力，改善对水源水质突变的应对能力，进一步保障水质安全。改造后工艺如图 4-4 所示。

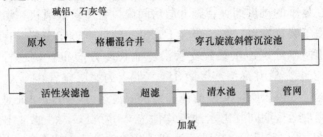

图 4-4 沙头角水厂改造后处理工艺流程

主要工程设计参数如下：

1）炭滤池。① 滤板。更换滤板、并对池体进行修补。滤板单块平面尺寸 1256mm×965mm，厚度 100mm，每座滤池共 20块，布置方式与现状保持一致。② 承托层。承托层粒径级配为：8~16mm、4~8mm、2~4mm、4~8mm 和 8~16mm；各层厚度均为 50mm，共 250mm。③ 炭滤层。现排水槽顶距滤料表面的高度为 1.10m，考虑炭膨胀率 35%，炭层高度确定为 900mm。滤池正常过滤速度 7.2m/h，空床接触时间 7.5min。④ 反冲洗。炭滤池单独水反冲洗周期为 1~3d。气、水联合反冲周期为 24d，气冲强度 55~57m³/(h·m²)，气冲时间 2~3min；水冲强度 25~29m³/(h·m²)，水冲时间 5~10min。

2）超滤膜。膜车间采用压力式超滤膜，膜设计通量 70L/(m²·h)。进水调节池和膜处理车间合建以节省用地。地下层为进水调节池，地上一层为膜组及进水泵、冲洗泵、废水泵等设备间，二层为膜清洗药品及控制、电气设备间，占地面积 21m ×27m。

运行效果表明，工艺出水浊度一直保持小于 0.1NTU；$2\mu m$ 以上颗粒数保持低于 10CNT/mL，平均仅为 4CNT/mL，能够将含有贾第虫和隐孢子虫的概率降到极低；出水 COD_{Mn} 为 0.53～1.17mg/L，平均仅为 0.85mg/L，明显优于国标 3mg/L；菌落总数基本保持小于 1CFU/mL，偶尔有少数检出，可能是因为产水箱没有消毒设施导致轻微污染；轮虫、红虫、水蚤、藻类等在出水中均未检出。经过长期的观察和水质检测，证明了活性炭-超滤深度处理工艺对于饮用水水质的化学安全性和生物安全性具有十分良好的保障能力，几乎所有的水质指标均优于国家现行饮用水水质标准。

实例分析：活性炭—超滤组合工艺主要针对臭氧生物活性炭工艺出水存在微生物风险的问题，结合了活性炭工艺和超滤的优点，适用于原水受轻度有机物污染，且气候适于微生物孳生的地区。但由于取消了砂滤池，对原水和沉淀池运行的要求较高，选用时应综合考虑。

2 浸没式超滤工艺

东营市南郊水厂始建于 1993 年，设计规模为 $10\times10^4 m^3/d$。该水厂以引黄水库水为水源，黄河水经过沉砂处理后进入南郊水库，水厂直接从水库取水，水厂原有工艺为：二氧化氯预氧化＋混凝＋沉淀＋过滤＋消毒，由于水源存在冬季低温低浊、季节性藻类暴发及死亡导致嗅味较为严重等现象，给处理工艺和运行管理带来了很大的影响。

南郊水厂改造工程于 2009 年 4 月 28 日开工建设，12 月 5 日通水运行。在工程升级改造中，结合原有工艺的特点，在混凝前增设粉末活性炭投加系统、在砂滤工艺后新建一个 10 万 t/d 的浸没式超滤系统。改造工程将传统的净水工艺与超滤膜工艺进行了有效的组合，增强了对低温低浊水的处理能力，保障了水厂出水的微生物安全性，同时提高了对水源季节性水质问题的处理能力，进一步保障水质安全。改造后的工艺流程如图 4-5 所示。

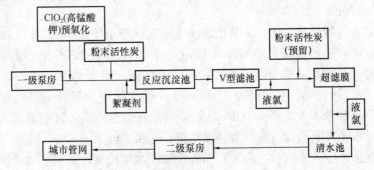

图 4-5　东营市南郊水厂改造后的工艺流程

改造工程的主要设计及运行参数：

1）粉末活性炭采用 200 目，投加能力按最大投加量 30mg/L 考虑（最大投加量为 137.5kg/h）。实际生产运行中，冬季投加量一般控制在 3～4mg/L，春、夏、秋三季一般控制在 6～7mg/L，投加点设置在一级泵房至沉淀池的管路上。

2）超滤膜系统。超滤车间共设膜池 12 格，每格面积为 31.9m²，设计水深为 3.2m，每格膜池放置 6 个膜堆，整个膜车间的总过滤面积约为 $15×10^4m^2$。超滤膜设计通量为 $30L/(m^2 \cdot h)$，反冲洗周期为 5h，反冲洗程序为：先曝气擦洗 90s，然后气水同时反冲洗 60s，气洗强度以膜池面积计，为 $60L/(m^2 \cdot h)$，水洗强度以膜面积计，为 $60L/(m^2 \cdot h)$。超滤膜在低温（2～4℃）状态下依然能够保持较高的运行通量，完全满足设计要求，且供水高峰期时可超出 20%～30%设计通量运行：冬季水温在 2～4℃时，膜通量一般控制在 $28L/(m^2 \cdot h)$左右运行；春季水温在 6～8℃时，膜通量一般控制在 $30～32L/(m^2 \cdot h)$运行；夏、秋两季水温在 10℃以上时，膜通量一般控制在 $32～37L/(m^2 \cdot h)$运行。膜池的自动化控制系统的运行一直较为稳定可靠。

运行情况表明，出水水质完全满足《生活饮用水卫生标准》GB 5749—2006 中 106 项指标要求。其中，与砂滤池出水水质相比：超滤膜出水的浊度去除率提高了 8.09%，稳定在 0.02NTU 以下，平均为 0.017NTU；超滤膜出水中粒径为 2~5μm 的颗粒物基本保持在 30 个/mL 以下，5~10μm 的颗粒物保持在 2 个/mL 以下，大于 10μm 的颗粒物几乎全部被去除；COD_{Mn} 的去除率提高了 7.41%，可以控制在 2mg/L 以下；TOC 的去除率提高了 7.81%，平均值为 1.17mg/L；UV_{254} 的去除率提高了 7.81%，平均值微米级的为（0.054±0.006）cm^{-1}；改造后藻类、细菌的去除效果显著，藻类可以完全去除，细菌总数从未检出。

实例分析：浸没式超滤工艺主要解决水中的微生物风险问题，考虑超滤对有机物去除的局限性，当水中存在一定有机物污染时，可考虑采用粉末活性炭、预氧化等辅助措施，强化对有机物的去除。

4.8.5 排泥水处理

1 深圳南山水厂

南山水厂位于深圳市南山区深圳直升机场西南侧，中山园路北端东北侧，北靠广深高速公路，西邻平南铁路，水厂规划总规模 80 万 m^3/d，其中一期工程建设规模为 20 万 m^3/d，目前实际生产规模一般为 8 万~10 万 m^3/d。南山水厂一期工艺流程如图 4-6 所示。

南山水厂作为国家"十一五"科技支撑节水课题城市供水厂综合节水示范工程，目前在反应池排泥、沉淀池排泥及滤池反冲洗等环节均采用科学、节水的运行管理方式。采用了反应、沉淀、过滤工艺控制技术单元节水优化控制技术、排泥水紫外消毒处理技术和排泥水高效处理关键技术等，水耗低，回收率高。在原水水质无突变的前提下，排泥水回收率达 90% 以上，水厂自用水率小于 1.5%，回收水水质合格率为 100%，具有良好的经济效益、环境效益和社会效益。

南山水厂各个单元构筑物的优化控制以及排泥水紫外消毒技术在示范工程中进行了应用验证。通过各单元节水优化控制技术

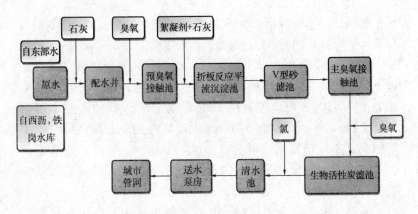

图 4-6　南山水厂一期工艺流程

的工况运行，排泥耗水率由 3.07％ 降至 1.9％，排泥水量由 3070m³/d 降至 1900m³/d。

紫外消毒是一种相对安全高效的消毒方法，不存在消毒副产物的风险等。根据课题对排泥水紫外消毒技术的研究，紫外消毒对于排泥水杀藻灭菌的效果非常好，实际的紫外辐射剂量小于 50mJ/cm² 时对于藻类的灭杀率都达到了 90％ 以上，细菌的灭杀率约为 96％ 以上；在足够的紫外剂量下，紫外对剑水蚤具有灭活效果。南山水厂在中试实验研究的基础上，采用了安力斯的紫外消毒设备。

南山水厂排泥水处理系统设有回收、调节、浓缩及脱水处理单元，排泥水处理及回用工艺流程如图 4-7 所示。浓缩池采用兰美拉高效浓缩池。实际应用中，在浓缩池进泥管路上投加微量高分子聚丙烯酰胺（PAM），使排泥水浓缩污泥含固率得以提高到 3％ 以上，使得浓缩池上清液更加清澈，SS 稳定低于 70mg/L。在中央刮泥机上装有与刮泥机一起转动的垂直搅拌栅，能使泥水分离效果更佳，污泥浓缩效果提高 20％ 以上。污泥脱水采用离心脱水机，处理效果好。能很好地适应污泥性质，且离心机占地小，全封闭连续运行，自动化程度高，污泥回收率高。

实例分析：深圳市南山水厂是综合节水技术代表性示范工

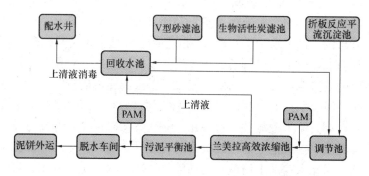

图 4-7　排泥水处理及回用工艺流程

程，采用了"节水型净水工艺设计＋排泥环节优化控制＋反冲洗环节优化控制＋排泥水高效浓缩＋滤池废水与排泥水处理回收组合＋回用水消毒"组合工艺，节水效果明显。

2　北京第九水厂

北京市第九水厂位于北京市清河以南的花虎沟，其水源近期为河北四库，远期（2014 年以后）为丹江口水库，密云水库为备用水源。总净水规模为 150 万 m^3/d，分三期建成，每期各 50 万 m^3/d。

该厂采用常规处理与活性炭吸附的处理工艺。一期工程共分三个系列，二、三期工程分别为两个系列。沉淀池形式一期为加速澄清池，二、三期为侧向流波形斜板沉淀池（其中二期 2006 年 6 月进行 2A 微砂循环沉淀池改造，2007 年 6 月进行 2B 微砂循环沉淀池改造）；滤池一期采用虹吸滤池，二、三期采用厚滤床均质滤料滤池。该厂水源为密云水库水，由于密云水库库容大，停留时间长，本身的自沉作用很强，原水悬浮物浊度低，颗粒细，都是一些胶体颗粒，原水中的胶体颗粒易与混凝剂铝盐及铁盐形成难以浓缩、脱水的亲水性无机污泥。此外，水库水体日趋富营养化，藻含量的季节性变化特征较为明显，高值出现在每年 9～10 月。

一、二期工程污泥处理设施主体工程与水厂二期工程同步建设，于 1997 年 6 月建成投产。水厂三期于 1999 年 7 月正式通水，与其配套的污泥处理设备安装于 2000 年 5 月完工，从而实现了与该厂日供水量 150 万 m³ 相适应的污泥处理规模。2009 年对排泥水处理工艺进行了部分改造。该厂污泥处理对象为水厂一期加速澄清池、二、三期侧向流波形斜板沉淀池的排泥水和滤池反冲洗回流水池的底泥。水厂产生的污泥经一根 DN800 的进泥管后，重力流入配泥井，再分由三根 DN300 的输泥管重力输送至排泥池。排泥池上清液经提升泵房提升均匀回流至水厂回流泵房，与回流水池的上清液一起回流至原水配水井重复利用，底泥进入浓缩池，浓缩池出泥通过污泥平衡池均质后进入离心脱水机。

实例分析：该工程通过水厂处理工艺单元改进、排泥环节优化控制以及排泥水高效浓缩等措施，对节水技术进行综合集成。改造后，耗水率由 2.5% 降至 1%，年节水量 821.3 万 t。

4.8.6　自动控制

大涌水厂设计日供水能力为 35 万 t，采用"混凝→沉淀→过滤→消毒"的常规处理方式，分为南北两组工艺，南组使用双层滤料普通快滤池，北组使用 V 型滤池，两组工艺共用混合池、反应沉淀池及加药系统。水厂自控系统采用现场监控、车间监控、上位监控管理的 3 层架构。上位监控管理使用美国 GE 公司的 iFix 组态软件，车间控制层使用美国 OPTO 22 公司的 SNAP-PAC 系统，现场控制层主要采用德国西门子公司的 S7-200 小型 PLC 结合智能仪表来实现。大涌水厂自控系统的总体结构如图 4-8 所示。

按照工艺构筑物的分布情况，水厂自控系统设有南泵房、北泵房、南滤池、北滤池、药剂投加间、反应沉淀池 6 个车间控制子站。车间站作为整个控制系统的核心，起着承上启下的作用。车间站所使用的 SNAP-PAC-SYSTEM 是包含控制器、连接机架、I/O 设备和相应软件的一整套集成系统，可以很方便地实现数据通信和远程监控等功能。车间站向下与现场监控层间利用

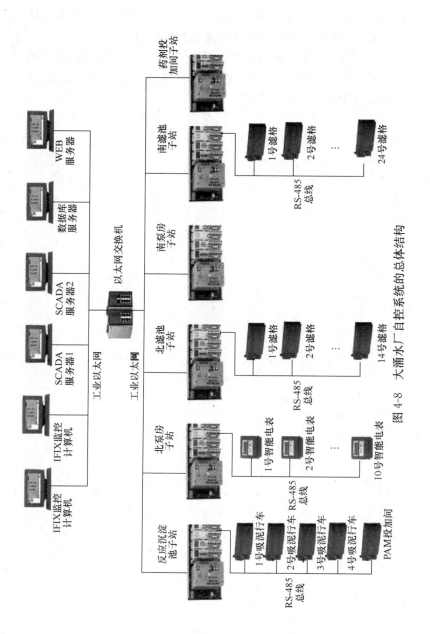

图 4-8 大涌水厂自控系统的总体结构

45

RS-485总线进行通信，向上通过工业以太网与中控室的上位软件连接，实现全厂设备的集中管理和分散控制。

实例分析：该工程通过对水厂生产过程进行自动化改造，建立了现场监控、车间监控与上位监控管理的三层架构，改造后水厂自动化水平有了明显提高。

5 特殊水处理

5.1 一般规定

5.1.1 原水砷、氟、硝酸盐、铁、锰、氯化物等超标时，应根据污染物的存在形态、浓度和供水规模等选择处理工艺与参数。

5.1.2 原水硝酸盐浓度大于 10mg/L 时，应采取勾兑或特殊处理措施。

5.1.3 水源长期存在铁锰超标问题时，宜采用高锰酸钾预氧化。原水中含铁量低于 2.0～5.0mg/L（北方地区低于 2.0mg/L、南方地区低于 5.0mg/L）、含锰量低于 1.5mg/L 时，可采用过滤法同时去除铁锰；原水中铁锰含量超过上述数值时，宜分别设置除铁除锰设施。

5.1.4 水源氯化物大于 3000mg/L（中高度苦咸水）时，不宜选作水源；因条件所限只能选择苦咸水作为水源时，应根据苦咸水水质特点选择纳滤、电渗析、反渗透等处理。

5.2 除 砷

5.2.1 除砷一般可采用混凝法和吸附法，供水规模小于 1000m³/d 且有脱盐要求时可采用反渗透或纳滤法。

5.2.2 采取混凝法除砷时，应先将水中三价砷氧化为五价砷，再经混凝、沉淀去除。氧化剂可采用空气、氯、次氯酸钠、漂白粉、漂白精、高锰酸钾和臭氧等。空气氧化可通过跌水曝气、接触式曝气塔、淋水曝气、压缩空气曝气、射流曝气等实现；淋水曝气和射流曝气适用于小型供水设施。水中存在氨氮时，不宜采用氯氧化；中小型水厂可采用次氯酸钠、漂白粉、漂白精等氧化；采用高锰酸钾氧化时，应保证充足的反应时间。混凝法除砷产生的废水和污泥应进行妥善处置。

5.2.3 采用吸附法除砷时,吸附剂的吸附能力与吸附条件(如溶液 pH 值、温度、吸附时间、砷浓度等)有关。吸附剂主要有原位负载铁锰复合氧化物、沸石、活性氧化铝等,宜采用吸附固定床。吸附固定床设计参数应根据砷浓度、吸附剂类型等确定。

5.2.4 原水中砷、铁和锰同时超标时,可采用砷、铁和锰同时去除法或分段去除法。采用同时去除法时,应将铁锰和砷充分氧化后,再经吸附和接触过滤去除,必要时可在吸附前端增设砂滤;采用分段去除法时,除铁除锰宜设置在除砷前。

5.2.5 反渗透或纳滤法除砷适用于经济较发达且地下水中砷浓度较低的地区,当处理规模较小且有脱盐等要求时,可采用此法。反渗透除砷与砷的形态及溶解性有机碳(DOC)的含量有关,五价砷的去除率可达 95%。

5.3 除 氟

5.3.1 除氟一般可采用吸附法和混凝法,供水规模小于 1000m³/d 且有脱盐要求时宜选用电渗析法、反渗透或纳滤法。

5.3.2 混凝法除氟适用于供水规模大于 1000m³/d、原水氟含量低于 2mg/L 的情况。混凝剂一般为铝盐和铁盐,铝盐除氟效果优于铁盐,效率高低取决于加药量多少,混凝最佳 pH 值为 6.4～7.2;铁盐主要用于高氟水除氟,且需配合 $Ca(OH)_2$、在较高的 pH 值条件下(pH>9)使用,操作工艺复杂。

5.3.3 吸附法可采用羟基磷灰石、沸石等天然矿物或活性氧化铝、铝铈复合金属氧化物、原位负载铝基复合氧化物等人工合成材料作为吸附剂;宜采用吸附固定床,设计参数应根据氟化物浓度、吸附剂类型、设计再生周期等确定。

5.3.4 电渗析和反渗透可以截留水中的大部分离子,出水氟含量较低,适用于供水规模小于 1000m³/d,原水氟含量高且有脱盐要求的情况。电渗析法采用的电极可以是高纯石墨电极、钛涂钌电极等,应定期进行倒极操作,倒极周期不宜超过 4 h。反渗透膜应定期进行化学清洗。

5.3.5 采用纳滤时，原水污染指数（SDI）大于 5 应采取预处理措施；采用反渗透时，SDI 大于 3 应采取预处理措施；纳滤膜和反渗透膜应定期进行化学清洗。

5.3.6 原水 pH 值对除氟效果影响较大，当原水 pH 值大于 7.5 时，可投加硫酸、盐酸或通入二氧化碳气体将 pH 值调节至 6.5～7.0，以提高除氟效果。

5.3.7 原水氟化物与砷同时超标时，可通过吸附法、反渗透法等将砷与氟同时去除；原水氟化物与铁或锰同时超标时，应在前端设置除铁除锰工艺；原水氟化物与溶解性总固体、硬度、硫酸盐、氯化物等同时超标时，可采用除氟与脱盐结合的组合工艺。

5.4 除硝酸盐

5.4.1 原水 NO_3^--N 浓度大于 10mg/L 时，应优先采取更换水源或不同水源勾兑的方法降低硝酸盐浓度；缺乏合适水源的地区，应采取硝酸盐去除措施，并根据原水中硝酸盐含量与处理规模，采用离子交换、电渗析、反渗透和生物反硝化等方法。

5.4.2 离子交换法适用于处理规模小于 $1000m^3/d$ 的供水设施。水中同时存在硬度超标时，可设置阳离子交换床或采用阴阳离子混床进行处理；SO_4^{2-} 浓度较低时，可采用阴离子交换树脂；原水 SO_4^{2-} 与 NO_3^- 的摩尔比大于 2.5 时，宜选用硝酸盐选择性树脂。

5.4.3 生物反硝化法包括硫自养反硝化和氢自养反硝化，适用于冬季具备保温措施的供水设施。北方地区生物反硝化应保证冬季室温在 15℃ 以上，生物反硝化水力停留时间（HRT）为 1～3 h，原水 NO_3^--N 浓度高、北方地区、规模较小情况下均应取高值。采用生物反硝化法时宜优先采用硫自养反硝化；当原水 SO_4^{2-} 浓度大于 100mg/L 时，可考虑硫自养反硝化与氢自养反硝化组合，硫段与氢段 HRT 之比为 1：1～5：1。出水应进行曝气复氧，气水比大于 1，水中颗粒物与微生物可由微絮凝、直接过滤和消毒去除，滤料可选石英砂、无烟煤、陶粒等，滤速范围

为 $6\sim8m/h$。

5.4.4 反渗透法适用于规模小于 $1000m^3/d$，或有脱盐处理要求的供水设施。常用的反渗透膜有醋酸纤维素膜、聚酰胺膜和复合膜。采用电渗析和反渗透法时，应符合本《细则》其他部分相关要求。

5.5 除 铁 除 锰

5.5.1 地下水除铁除锰包括曝气法、接触氧化法和生物过滤法。

5.5.2 曝气法通过曝气使空气中的氧溶于水，用溶解氧将水中的 Fe^{2+} 氧化为 Fe^{3+} 后形成氢氧化物，然后通过沉淀和过滤去除铁锰。当地下水中铁、锰含量均超标、含铁量低于 $2.0\sim5.0mg/L$（北方地区低于 $2.0mg/L$、南方地区低于 $5.0mg/L$）、含锰量低于 $1.5mg/L$ 时，可采用曝气过滤除铁除锰。地下水中铁锰含量超过上述数值时，可采用多级串联的曝气接触氧化过滤；地下水中存在氨氮超标时，可采用分步或同步除氨氮除铁锰。

5.5.3 接触氧化法除铁时 pH 值宜在 6.0 以上，除锰时 pH 值宜在 7.5 以上。除铁滤池宜采用天然锰砂或石英砂，宜采用大阻力配水系统；采用锰砂滤料时，承托层上部两层应为锰矿石。滤池的滤速宜为 $6\sim10m/h$。

5.5.4 生物过滤法通过建立生物滤层，利用滤层内具有铁、锰氧化能力的细菌等微生物，将铁、锰进行氧化，生成物被滤层截留，从而达到除铁锰的目的。滤料可采用石英砂、无烟煤、陶粒和活性炭等。滤池的滤速宜为 $5\sim7m/h$，工作周期可为 $8\sim24$ h。滤池启动初期，反冲洗强度宜为 $6\sim12\ L/(m^2 \cdot s)$；稳定运行之后，反冲洗强度可为 $10\sim15\ L/(m^2 \cdot s)$。

5.5.5 地表水除铁除锰可不设单独的除铁除锰滤池，宜在水厂已有处理工艺基础上采取投加氧化剂和强化过滤等除铁除锰措施。

5.5.6 以地表水为水源的水厂存在铁锰超标问题时，应重点考虑强化常规处理;必要时宜设置固定的氧化剂投加设施。

5.5.7 采用强化过滤除铁除锰时,可将石英砂更换为锰砂滤料,或强化现有滤池的生物除铁除锰功能。

5.5.8 根据当地社会经济发展水平、原水水质和处理规模等,可采用氯氧化法、石灰或石灰-苏打法、离子交换法、碱化除锰法、光化学氧化法等除铁除锰。

5.6 苦咸水处理

5.6.1 苦咸水一般碱度大于硬度,且pH值大于7,含盐量一般为1000～15000mg/L。苦咸水处理方法包括纳滤、电渗析、反渗透、蒸馏和离子交换等,选择时应根据原水中盐类的成分、含量及其他水质条件确定。

5.6.2 蒸馏法主要包括多效蒸发和多级闪蒸等。该法结构简单、操作方便、预处理要求低、水质纯度高,但是能耗高、设备较笨重、防腐要求高。

5.6.3 离子交换法利用离子交换树脂中的离子同水中离子进行交换来净化水质,当处理低度苦咸水时,运行成本较低,但是自动化操作难度大、投资高,且再生废水须经处理合格后排放,存在环境污染隐患;不宜处理含盐量高的苦咸水。

5.6.4 采用电渗析、纳滤和反渗透方法时,可参见本《细则》除氟部分。

5.7 工程实例

5.7.1 地下水强化除砷

1 郑州市东周水厂

东周水厂坐落于郑州市东部,于1998年9月开始动工,2000年5月25日建成通水,整个工程北起黄河滩地,南至南三环,管线长达70多km,占地面积410亩。水厂原水取自黄河侧渗水,具有浊度低、细菌含量少等特点。水源地位于郑州北郊黄河南岸,距市区20km,西起花园口黄河公路大桥,东至中牟县万滩，北临黄河，南续黄泛平原，分西区、东区，成井 72 眼。目前，黄河两岸地下水井群中砷、铁、锰、氨氮等超标具有普遍性，其中砷含量达到 0.06mg/L。同时，一些水源井还存在消毒副产物前驱物较高的问题。

东周水厂设计日供水能力为 20 万 m^3，采用自然跌水曝气 - 接触过滤常规处理工艺。工艺流程见图 5-1。该水厂滤池为双阀滤池，共 16 格，单池面积 48.6m^2，总面积 777.6m^2，滤池采用石英砂作为滤料。水厂建有清水池两座，1.3 万 m^3，进厂两条 $DN1200$ 管道，总长 14.1 km。水厂主要设备由国外引进，承担郑州东南市区（黄河路以南，紫荆山路以东）的供水任务。

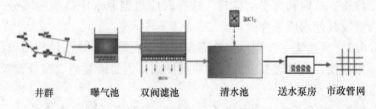

井群　　曝气池　　双阀滤池　　清水池　　送水泵房　市政管网

图 5-1　东周水厂工艺流程

为满足新国标要求，保证出水水质，目前该水厂正积极进行"复合污染条件下含砷地下水强化除砷"技术研究，该技术是在现行水处理工艺基础上，通过投加铁锰复合药剂，对进水铁、锰和砷强化去除的一项技术。水厂原水水质经测定，各项指标如表 5-1 所示。

表 5-1　原水水质参数

水质参数	范　围
pH	7.7～8.34
浊度（NTU）	1.64～10.1
COD_{Mn}（mg/L）	1.04～2.08
氨氮（mg/L）	0.04～0.46
铁（mg/L）	0.08～2.08
锰（mg/L）	0.06～0.58
砷（μg/L）	8.99～45.67

"强化除砷"技术通过前期大量小试、中试、生产性试验研究发现，水厂原有滤池投加铁锰复合药剂后对进水砷有明显去除作用，且对滤池表层滤料（30cm）更换后，滤池出水砷去除率进一步提升。同时，投加适量铁锰复合药剂时，对铁、锰有强化去除作用，不会导致滤池出水铁、锰超标，对浊度也有一定的去除效果。较水厂原有滤池不加药情况下砷去除率提高30％～35％，出水砷含量稳定在$5\mu g/L$左右，出水水质参数见表5-2。该技术在生产性试验运行期间，出水水质稳定，铁、锰、砷都得到深度去除，生产实践证明了复合污染条件下含砷地下水强化除砷技术的试验成果。

表 5-2　出水水质参数

水质参数	范　　围
pH	$7.7\sim 8.34$
浊度（NTU）	$0.06\sim 0.25$
铁（mg/L）	<0.05
锰（mg/L）	<0.05
砷（$\mu g/L$）	$3.59\sim 10.00$

　　目前，东周水厂对原有滤池进行部分改造，建立了加药间，用于投加氯化铁和高锰酸盐或铁锰复合药剂，完成了"基于现行曝气－接触过滤的强化除砷技术"示范工程建设。加药间设计平面位置图及剖面图如图5-2和图5-3所示。

　　氯化铁投加系统规模为20万m^3/d，最大加注量15mg/L（以商品固体计），平均加注量8mg/L（以商品固体计），配置和投加浓度为20％（以商品固体计）。氯化铁溶液为固体药剂配制，设溶解池2格，溶液池2格，溶解池净尺寸$2.1m\times 1.2m\times 2.0m$（$H$），内设混合搅拌机、不锈钢过滤网板和矾液耐腐蚀提升泵；溶液池净尺寸$2.5m\times 2.5m\times 2.0m$（$H$），内设混合搅拌机。氯化铁投加点共4点，位于混合池内，设计量泵6台，4用2备，单泵流量200L/h，扬程3bar。

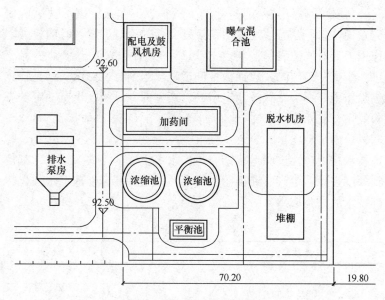

图 5-2 加药间平面位置图

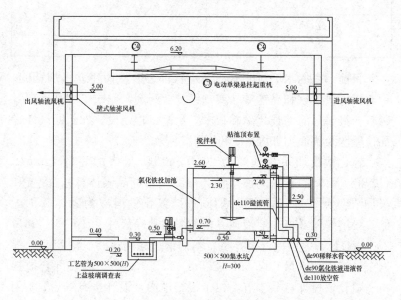

图 5-3 加药间剖面图

高锰酸盐投加系统规模为 20 万 m^3/d，最大加注量 2.0mg/L，平均加注量 1.0mg/L，投加浓度为 2%。高锰酸盐溶液为固体药剂配制，在溶液池中直接溶解配制，溶液池净尺寸 2.5m×2.5m×2.0m（H），内设混合搅拌机。高锰酸盐或铁锰复合金属氧化剂投加点共 2 点，位于曝气池进水端，滤池进水端预留投加措施，设计量泵 3 台，2 用 1 备，单泵流量 500L/h，扬程 3bar。

实例分析：本实例与传统工艺相比，旨在减少工程投资改造的基础上，满足新技术的实施。药剂投加后吨水处理费用增加 0.20 元，具有显著的经济效益和社会效益。

2 台湾北港第二净水厂

在台湾地区由于地质原因，某些地区地下水中砷是一种重要的天然污染物。台湾自来水公司嘉义地区北港营运所第二净水厂以地下水为供水水源，是含砷量较高的地区，第二净水厂原有处理工艺为：曝气（加氯）→混合（加药）→慢混→沉淀→过滤。北港第二净水厂原水砷含量约为 0.05～0.1mg/L，根据原有工艺原水前加氯、而未添加混凝剂时，处理后清水砷残余量为 0.010～0.048mg/L。

为满足政府管理机构提升饮用水品质的要求，对原有工艺进行改造。为考虑操控性、设备与操作成本、废弃物处理及环境标准等因素，根据评估结果，利用原有处理设备通过添加氯化铁强化混凝沉淀，以此降低水中砷含量。根据前期小试试验结果，作为北港第二净水厂硬设备改修依据。添加 $FeCl_3$（40～50mg/L）处理后，水中砷残余量可低至 0.005mg/L 左右，符合当地《饮用水水质标准》，处理费用仅增加 0.015～0.019 元/t（0.37 元/kg，40～50mg/L），处理成本较低，约等于该厂原有加药量（PAC）的成本，且清水中铁含量均低于 0.10mg/L。

实例分析：该厂利用原有设施，通过现有工艺强化等措施，提高了砷的去除效果，对内地一些类似水厂达标改造有一定借鉴意义。

5.7.2 地下水除铁锰

沈阳市张士开发区水厂是我国首座在生物固锰除锰理论指导下建立的大型除铁、锰水厂，该水厂设计总规模为 12 万 m^3/d，其中一期工程为 6 万 m^3/d，采用跌水曝气+生物除铁锰滤池过滤流程。

采集土著自然菌经扩增接种后，经 3 个月培养取得了强劲的除锰能力。原水 Mn^{2+} 为 $1\sim3mg/L$、Fe^{2+} 为 $0.5mg/L$，在正常滤速下，滤后水 Mn^{2+} 减至 $0.05mg/L$，总铁为痕量，并且长年运行稳定，其良好的运行效果从根本上改善了该区的供水水质。

实例分析：该实例用生产实践证明了生物固锰除锰机理，以及铁锰可以在同一滤层中去除的试验成果，从而解决了地下水除锰的难题。由于生物技术的应用，减缩了净化流程，与传统的两级曝气两级过滤流程相比，基建费用投资节省了 3000 万元，相当于总投资的 30%，年运行费用节省 20%，有着显著的经济效益和社会效益。

5.7.3 苦咸水淡化

1 反渗透苦咸水淡化工程

甘肃庆阳市某水厂原出水水质浊度、总硬度、硫酸盐、溶解性总固体超标，达不到国家《生活饮用水卫生标准》GB 5749—2006 的要求，具体如表 5-3 所示。

表 5-3 水厂原出水水质

水质参数	数 值
总硬度（以碳酸钙计）（mg/L）	540
硫酸盐（mg/L）	400
溶解性总固体（mg/L）	1500
浊度（NTU）	5

改造后采用反渗透苦咸水淡化工艺，主要设计和运行数据如表 5-4 所示。

表 5-4　反渗透苦咸水淡化运行数据

项　　目	设计值	实测值
反渗透进水流量（m^3/d）	19200	19200
反渗透产水流量（m^3/d）	16320	16350
回收率（%）	85	85.2
水温（℃）	8	9
日耗电量（$kW \cdot h$）	16000	14824
单位耗电量（$kW \cdot h/m^3$）	2.2～2.5	2.18
反渗透进水压力（生水）（MPa）	0.8～0.9	0.8
反渗透浓水出水压力（MPa）	0.5～0.6	0.5
反渗透进水压力（浓水回收）（MPa）	0.9～1.0	0.92
反渗透浓水出水压力（浓水回收）（MPa）	0.5～0.6	0.5

预处理单元采用 V 型滤池，滤池进水为 4.3 万 m^3/d，反冲洗耗水占 5%，产水为 4.1 万 m^3/d。RO 系统由两部分组成，一部分为生水反渗透系统，另一部分为浓水回收反渗透系统。经 V 型滤池预处理后的出水先进入生水反渗透系统，V 型滤池出水浑浊度在 1NTU 以下，其中 1.92 万 m^3/d 水进入生水反渗透系统，生水反渗透后的浓水再经浓水回收反渗透系统处理，反渗透系统耗水量为 15%，产水量为 1.632 万 m^3/d。滤后未进入反渗透系统的 2.184 万 m^3/d 水与反渗透系统产水 1.632 万 m^3/d 以 1.34：1 的比例在吸水井内充分混合，混合后达标水总水量为 3.82 万 m^3/d。

生水反渗透系统设计 4 套，产水量 140$m^3/(h \cdot 套)$（8℃），回收率≥70%，装置脱盐率≥98%（一年内）；排列方式为 1 级 2 段排列；生水反渗透选用的膜元件为高脱盐率超低压反渗透膜，型号为 LE-440i，单支膜脱盐率＞98%（标准测试条件下），数量为 198 支。

浓水回收反渗透系统设计 1 套，产水量 120$m^3/(h \cdot 套)$（8℃），回收率≥50% 装置，脱盐率≥98%（一年内）；排列方式为 1 级 2 段排列；浓水反渗透选用的膜元件为苦咸水反渗透膜，型号为 BW30-400，单支膜脱盐率＞98%（标准测试条件下），数量为 196 支。

该工程总投资 3500 万元，制水成本为 1.23 元/m^3，处理效果如表 5-5 所示。

表 5-5 进出水水质指标

水质参数	滤池出水	反渗透出水	浓水回收	勾兑后
溶解性总固体（mg/L）	1500	32	96	819
硫酸盐（mg/L）	400	9	31	180
总硬度（以 $CaCO_3$ 计）（mg/L）	540	8	25	339
浊度（NTU）	1	0	0	<1

实例分析：该工程采用反渗透技术解决了苦咸水淡化难题，出水良好，对于水源水质存在氯化物超标问题，且具有一定经济能力的地区，具有一定参考价值。

2　纳滤苦咸水淡化工程

山东长岛南隍城纳滤苦咸水饮用水示范工程于 1997 年 10 月建成投产，工程规模为 144m^3/d 纳滤膜淡化。淡水站水源位置处于南隍城岛离海边约 150m 远的三连井，属海岛深井苦咸水。海岛上的所有用水全部依靠地下水。该水源水质见表 5-6。

表 5-6　原　水　水　质

水质参数	数　　值
Na^+（mg/L）	330.1
Ca^{2+}（mg/L）	402
Mg^{2+}（mg/L）	94.0
HCO_3^-（mg/L）	165.9
Cl^-（mg/L）	897.3
SO_4^{2-}（mg/L）	368.2
NO_3^-（mg/L）	82.7
SiO_3^{2-}（mg/L）	17.5
游离 CO_2（mg/L）	20.5
电导率（25℃）（μS/cm）	3503
TDS（mg/L）	2365
总硬度（以 $CaCO_3$ 计）（mg/L）	1392.9
pH	7.34

系统由预处理和除盐淡化两部分组成。前者包括预沉降、多介质滤器、粗滤、精滤等；后者由纳滤装置（144m³/d）组成（见图5-4）。

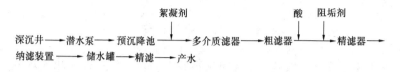

图5-4　系统流程

纳滤设有高、低压自动保护、在线pH值和电动检测及低压自动清洗等系统，以确保设备对水质（量）变化的抗冲击性和稳定性。纳滤装置采用6只8″NF90系列膜，排列方式为2∶1倒锥形组合。

纳滤淡化系统产水量约为6m/h，水温16℃，回收率56%，TDS为334.9mg/L，总脱盐率80.6%，总硬度为27.2mg/L（以CaCO₃计），产水电导率为660μS/cm，操作压力为0.75MPa。其他出水水质见表5-7。

表5-7　实质产水与计算值比较

项目	Na$^+$	Ca^{2+}	Mg^{2+}	HCO$_3^-$	Cl$^-$	SO$_4^{2-}$	NO$_3^-$	SiO$_3^{2-}$
浓度（mg/L）	112.3	8.3	1.6	16.8	147.5	6.3	38.5	2.3
去除率（%）	66.0	97.9	96.3	89.9	83.6	98.3	53.4	86.9

实例分析：该工程采用纳滤技术，对于原水中氯离子浓度不太高且脱盐要求不高的地区，具有一定技术经济优势。

6 应急处理

6.1 一般规定

6.1.1 根据水源风险分析和应急处理能力评估，确定主要风险污染物、供水设施薄弱环节和应急建设需要，确定供水应急能力建设的具体任务。

6.1.2 应编制供水应急预案和专项预案，建立和完善供水系统应急管理体系。

6.1.3 根据对本地区污染物风险的评估情况，建立应急物资供应信息系统，重点水厂应储备粉末活性炭、氧化剂等应急药剂。

6.1.4 多水源供水的区域，应考虑水源的联合调度；单水源供水的区域，应考虑建设第二水源或备用水源；地下水井位于地下水紧缺地区时，可采用关而不封、备而不采的措施，作为应急供水的备用水源。

6.1.5 多水厂供水的区域，应在区域之间实现互联互通，进行清水应急调度，满足应急时的基本用水需求，提高供水管网应急联合调度水平。

6.1.6 水源突发污染物可分为有机物、重金属、氧化还原性物、挥发性污染物、酸碱、微生物、藻类等。水厂应急处理技术可分为粉末活性炭吸附、化学沉淀、氧化还原、曝气吹脱、酸碱中和、强化消毒以及其他综合处理。

6.1.7 应急处理技术选择应考虑处理效果显著、能与现有水厂处理工艺相结合、能够快速实施和易于操作及技术经济合理等方面。

6.1.8 应急处理设备可以考虑既能用于应急，也可以用于应对季节性污染和短期污染以及强化现有工艺，可不设备用。

6.2 粉末活性炭吸附

6.2.1 采用粉末活性炭吸附法可应对饮用水相关标准中的污染物（共计61种）见表6-1。

表6-1 粉末活性炭吸附法可应对的饮用水相关标准中的污染物种类

应急处理技术	农药	芳香族	其他有机物	数量
粉末活性炭吸附法	滴滴涕、乐果、甲基对硫磷、对硫磷、马拉硫磷、内吸磷、敌敌畏、敌百虫、百菌清、莠去津（阿特拉津）、2,4－滴、灭草松、林丹、六六六、七氯、环氧七氯、甲草胺、呋喃丹、毒死蜱	苯、甲苯、乙苯、二甲苯、苯乙烯、一氯苯、1,2-二氯苯、1,4-二氯苯、三氯苯（以偏三氯苯为例）、挥发酚（以苯酚为例）、五氯酚、2,4,6-三氯苯酚、2,4-二氯苯酚、四氯苯、六氯苯、异丙苯、硝基苯、二硝基苯、2,4-二硝基甲苯、2,4,6-三硝基甲苯、硝基氯苯、2,4-二硝基氯苯、苯胺、联苯胺、多环芳烃、苯并(a)芘、多氯联苯	五氯丙烷、氯丁二烯、六氯丁二烯、阴离子合成洗涤剂、邻苯二甲酸二（2－乙基己基）酯、邻苯二甲酸二丁酯、邻苯二甲酸二乙酯、石油类、环氧氯丙烷、微囊藻毒素、土嗅素、二甲基异莰醇、双酚A、松节油、苦味酸	61

6.2.2 不同种类活性炭及不同水源条件对活性炭吸附性能有一定影响，应根据现场情况经试验后确认。活性炭对有机污染物的吸附性能参数（吸附等温线参数、最大应对倍数、基准投炭量等）可参见有关指导手册。

6.2.3 应根据特定污染物的吸附特性，确定实际所需投加量。水源突发事件中，粉末活性炭投加量通常为20～30mg/L，最大投加量一般为40～80mg/L。应急投加系统的投加量可按40mg/L设计，特殊情况下可增加至80mg/L。

6.2.4 投加点选择应综合考虑吸附时间、水力条件等，一般为

1～2 h。取水点与水厂之间有一定距离的，可在取水口处投加以增长吸附时间；水厂内投加的，投加点可设置在混合井或混凝剂投加点前，因吸附时间有限，应适当增加投加量。

6.2.5 吸附污染物后的粉末活性炭将在沉淀池中随污泥排出，对于此类污泥应妥善处置。

6.2.6 活性炭投加主要采用干式、湿式、简易投加和移动式投加等方式，可以根据投加量的多少、场地条件以及运行习惯选取适当的方式。干式投加法利用水射器将粉末炭投入水中，该方式受水射器的压力和流量限制，适用于小型水厂；湿式投加法先将粉末活性炭配置成悬乳液后，然后采用螺杆泵定量输送至投加点，该方式使用广泛，国内配套设备厂商也较多；简易投加主要用于没有投加设施或小型水厂的应急投加；移动式投加采用专用移动式粉末活性炭投加装置投加，可用于 10 万 m^3/d 以下规模水厂使用。

6.2.7 干式投加系统包括卸料系统、料仓、投加机、水射器。湿式投加系统包括卸料系统、料仓、给料机、螺旋输送器、混合罐、投加泵，混合罐中炭浆浓度约为 3%～5%。移动式投加系统已建有标准化的设备。

6.2.8 商品粉末活性炭有 25～50kg/小包、500kg/大包和散装（罐车运输）3 种包装形式。成包粉末活性炭在储存时，可采用堆放式和货架式两种方式。应注意保持粉末活性炭存储条件良好，防止活性炭失效、污染、受潮等。

6.2.9 粉末活性炭的储藏、输送和投加场所，应有防尘、集尘和防火设施。电气设备应具有防尘和防爆功能。

6.2.10 投加设备应定期维护，保持设备完好，可随时投入使用。在应急投加使用后应及时清洗，湿法投加的输送设备与管路需用清水清洗，防止管路堵塞。

6.3 化 学 沉 淀

6.3.1 采用化学沉淀法可应对饮用水相关标准中的污染物（共

计 20 种）见表 6-2。

表 6-2　化学沉淀法可应对的饮用水相关标准中的污染物种类

应急处理技术		金属和类金属	数量
化学沉淀法	碱性化学沉淀法	镉、铅、镍、银、铍、汞、铜、锌、钒、钛、钴	20
	硫化物沉淀法	汞、镉、铅、银、镍、铜、锌	
	组合或其他化学沉淀法	砷、铊、锑、铬（六价）、锰（二价）、硒、银、钡、磷酸盐	

6.3.2　化学沉淀法可分为碱性化学沉淀法、硫化物沉淀法、组合或其他化学沉淀法。不同水源条件对化学沉淀处理有一定影响，应根据现场情况经试验后确认。具体工艺参数（pH 值调整范围、药剂投加量、最大应对倍数等）可参见有关指导手册。

6.3.3　采用碱性化学沉淀法时，pH 值调整范围最高为 9.0，所用药剂为食品级液体氢氧化钠（含量 32%），加碱泵的投加量一般采用 20～40mg/L。处理后需加酸回调 pH 值至中性，所用药剂为食品级浓硫酸（含量 98%）或食品级盐酸（含量 32%）。因盐酸的挥发性和腐蚀性较强，应优先选用浓硫酸。

6.3.4　采用硫化物沉淀法时，所用药剂为食品级硫化钠，湿法投加，投加系统必须按照有关规定设置，不得与酸混合，以免产生硫化氢。投加量根据实际情况进行调节。清水池前加氯量须充足，以氧化分解可能残余的硫化物。

6.3.5　采用组合化学沉淀法时，预氧化药剂可采用高锰酸钾、二氧化氯、游离氯等，预氧化药剂的投加量需根据现场试验确定。

6.3.6　碱性药剂的投加点应在混凝前，可直接投加于配水井或混凝反应池进水管中。酸性药剂的投加点应在过滤后，加氯消毒前。

6.3.7　含有重金属的絮体将在沉淀池中随污泥排出，对此类污泥应妥善处置。

6.3.8 投加系统包括酸碱槽罐车、隔膜加药泵以及配套管路、阀门、流量计、在线 pH 计等。移动式投加系统已建有标准化的设备，可用于 10 万 m^3/d 以下规模水厂。

6.3.9 厂内可不做储备，应急事故时可直接调用酸碱槽罐车投加。

6.3.10 设备与构筑物应采取耐酸、耐碱腐蚀措施。操作人员须有安全防护措施，操作区内须设有安全喷淋系统（紧急冲淋装置和洗眼器等）。

6.3.11 投加设备应定期维护，保持设备完好，可随时投入使用。应急投加使用后应及时清洗。

6.4 氧 化 还 原

6.4.1 采用氧化还原法可应对饮用水相关标准中的污染物（共计17种）见表6-3。

表 6-3　氧化还原法可应对的饮用水相关标准中的污染物种类

应急处理技术		金属	无机离子	其他有机物	消毒副产物	数量
氧化还原法	氧化法	锰	硫化物、氰化物、氨氮（<2mg/L）、亚硝酸盐	微囊藻毒素、甲硫醇、乙硫醇、甲硫醚、二甲二硫、二甲三硫、水合肼	氯化氰	13
	还原法	铬（Ⅵ）				1
	预氧化-化学沉淀法	砷（Ⅲ）、铊（Ⅰ）、锑（Ⅲ）				3

6.4.2 氧化还原法可分为氧化法、还原法和预氧化-化学沉淀法。具体工艺参数（氧化剂种类、药剂投加量、最大应对倍数等）可参见有关指导手册。不同水源条件对氧化还原法处理有一定影响，应根据现场情况进行试验确认。

6.4.3 采用氧化法时，所用药剂为食品级高锰酸钾、二氧化氯、游离氯等。高锰酸钾预氧化时投加量一般采用 0.5～2mg/L。实际投加量，应根据现场实际情况进行调节。

6.4.4 氧化剂的投加点应位于混凝反应前。取水点距水厂一定距离的，可在取水口处投加以增加氧化时间。

6.4.5 投加系统构成包括料仓、给料机、混合罐、隔膜加药泵以及配套管路、阀门等。在规模较小时可省略料仓和给料机。移动式投加系统已建有标准化的设备，可用于 10 万 m^3/d 以下规模水厂。

6.4.6 大型水厂宜设料仓，料仓一般按每天制备 1～3 次计算容积；混合罐容积按每小时加药量的 50%～100% 计算，并设液位计。

6.4.7 高锰酸钾属强氧化剂，应与有机物、易燃物、酸类隔离储运，远离火种和热源并防雨淋和日晒，注意防潮。搬运时要轻拿轻放，防止包装破损。投加间宜安装通风、除尘设备。

6.4.8 投加设备应定期维护，保持设备完好，可随时投入使用。应急投加使用后应及时清洗。

6.5 工 程 实 例

6.5.1 密云水库嗅味事件

北京市自来水集团第九水厂原水取自密云水库。随着水库蓄水量的逐年减少，水库富营养化程度加剧，在夏季高温时，藻类会大量繁殖，在 2002 年 9 月就曾经发生局部水华现象。藻类生长后期阶段会释放包含 2-MIB 和土嗅素在内的嗅味物质，这类物质难以在自来水厂常规处理工艺中去除。因此，以常规处理工艺为主的水厂，原水存在 2-MIB 和土嗅素会导致出水存在嗅味问题，直接影响出厂水水质。由于藻类仅在夏、秋季部分时间呈高发态势，因此可采用应急处理手段，构建应急处理设施，实现对原水所含嗅味物质的去除。

针对 2002 年 9 月所发生的局部水华现象，北京市自来水集团通过投加高锰酸钾预处理除嗅味，出厂水基本无味；2005 年 8 月，自来水公司陆续接到用户投诉，并有上升趋势，虽经提高高锰酸钾投加量，仍不能彻底解决管网水嗅味问题。主要原因是以 2-MIB 和土嗅素为代表的藻类代谢产生的嗅味物质，难以通过氧化去除，但这类物质易于通过活性炭吸附去除。针对这一情况，第九水厂确定在密云取水厂设置长期加炭设施，利用活性炭吸附去除原水中嗅味物质。

应急处理设施的真空吸炭装置可以避免粉尘挥发，通过吸炭头将粉炭输入料斗，可以避免环境污染和对人员的健康造成影响。储料斗的设计应满足一次上料后，可供 4h 以上投加使用，避免值班工长时间看守生产现场。加炭成套设备的关键环节是变频螺杆投加机，可较准确计量加炭量，并通过自控系统传送的流量信号进行跟踪调节，实现自动控制，其精度应保证在 3％左右。采用应急系统的水射器混合输炭是成套设备的优势，减少了溶药罐、搅拌机和投加泵等设备设施，占地面积小，投加快速便捷，依靠螺杆投加机计量后的炭粉直接加入到水中。经过 2006 年秋季的实际操作证明，该成套设备实现了设计思想，满足使用要求。主要设备和附属设备均为通用产品，维护、操作简便。经实际验证在给定投加率的条件下，投加量与水量自动跟踪灵敏，实际粉炭投加误差小于 3％。

通过投加粉末活性炭，利用取水厂至水厂之间的管道，使活性炭有较长的吸附时间，可充分吸附去除水中的嗅味物质，进而改善出厂水水质。自 2005 年以来，在每年秋季 9～10 月份密云水库因藻类生长，原水 2-MIB 和土嗅素浓度增高期间，在取水口投加 5～15mg/L 粉末活性炭，有效去除了嗅味物质，保证了自来水厂出水水质。

案例分析：粉末活性炭能有效吸附去除由藻类代谢产生的嗅味物质，可应对因藻类暴发产生的出厂水存在嗅味的问题。通过在取水口投加粉末活性炭，利用较长原水输送管道，延长活性炭与水体接触时间，保障吸附效果，提高活性炭利用率。

6.5.2 北江镉污染事故

2005年12月5～14日，广东韶关冶炼厂在设备检修期间超标排放含镉废水，造成广东北江韶关段出现重金属镉超标现象（根据《地表水环境质量标准》及《生活饮用水卫生标准》镉浓度限值为0.005mg/L）。15日检测数据表明，北江高桥断面镉超标10倍，污染河段长达90km，计算得到江中镉含量4.9t，扣除本底，多排入3.62t。北江中游的韶关、英德等城市的饮用水安全受到威胁，英德市南华水厂自12月17日已经停止自来水供应。如果污水团顺江下泻，下游广州、佛山等大城市的供水也将受到威胁。

在广东北江镉污染事件中，根据北江镉污染事件特性和沿江城市供水企业生产条件，专家组提出了以碱性条件下混凝沉淀为核心的应急除镉净水工艺，在水源水镉浓度超标的条件下，通过调整水厂内净水工艺，实现处理后的自来水稳定达标，并留有充足的安全余量，确保沿江人民的饮用水安全。该应急除镉方案的技术要点是必须保证混凝反应处理的弱碱性pH值条件，需调整pH值到8.5～9.0，过滤后再加酸回调pH值至中性，以满足生活饮用水卫生标准要求（pH值6.5～8.5）。

采用碱性化学沉淀应急除镉技术后，在进水镉浓度超标3～4倍的条件下，处理后出水镉的浓度符合生活饮用水卫生标准的要求，并留有充足的安全余量。应急除镉净水工程完成后，南华水厂对居民供水管网进行了多天的冲洗。广东省卫生厅对南华水厂水质进行了多次分析检测，认为南华水厂水质的各项技术指标均符合国家卫生规范要求，同意南华水厂恢复供水。广东省政府北江水域镉污染事故应急处理小组决定，从2006年1月1日23时起南华水厂恢复向居民供水。南华水厂应急除镉净水工艺的成功运行，不但使供水范围内的居民不再受停水困扰，而且对其他受影响城市的自来水厂在水源遭受镉污染的情况下保持正常供水具有示范作用。

案例分析：碱性化学沉淀法可以有效应对水源重金属突发污

染。针对可在碱性条件下形成沉淀的重金属离子,通过调节进厂水 pH 值至碱性,重金属离子将在混凝沉淀阶段随矾花一同去除,可保障对重金属良好的去除效果。该应急除镉方案的技术要点是必须保证混凝反应处理的弱碱性 pH 值条件,并注意控制加酸,以保证出水 pH 值合格。

6.5.3 松花江硝基苯污染事故

2005 年 11 月 13 日 13 时 36 分,中石油吉林化学工业公司双苯厂发生爆炸,约 100 t 化学品泄漏进入松花江,其中主要化学品为硝基苯(美国环保局将其列为 128 种"优先控制有毒有机污染物"之一),造成了松花江流域重大水污染事件,松花江污染团到达吉林省松原市时硝基苯浓度超标约 100 倍(《地表水环境质量标准》中硝基苯的限值为 0.017mg/L),松原市自来水厂被迫停水。根据当时预测,污染团到达哈尔滨市时的硝基苯浓度最大超标约为 30 倍,哈尔滨被迫停水 4 d。

在本次污染事件中,主要采用了在取水口处投加粉末活性炭的方法,在原水从取水口流到净水厂的输水管道中,用粉末活性炭去除绝大部分硝基苯,再结合净水厂内的炭砂滤池改造,形成多重屏障,确保供水安全。粉末活性炭的投加量情况如下:在水源水中硝基苯浓度超标的情况下,粉末活性炭的投加量为40mg/L(11 月 26~27 日);在水源水少量超标和基本达标的条件下,粉末活性炭的投加量降为 20mg/L(约一周时间);在污染事件过后,为防止后续水中(来自底泥和冰中)可能存在的少量污染物,确保供水水质安全,粉末活性炭的投加量保持在 5~7mg/L。

2005 年 11 月 26 日 12:00 开始生产性运行验证试验,在水源水硝基苯浓度尚超标 2.61 倍的情况下(0.061mg/L),在取水口处投加 40mg/L 粉末活性炭,到哈尔滨市制水四厂入厂水处,硝基苯浓度已降至 0.0034mg/L,已经远低于水质标准的0.017mg/L,再结合水厂内的混凝、沉淀、过滤的常规处理工艺(受条件所限,该厂不具备炭砂滤池改造条件,因此砂滤池未改造成炭砂滤池），最终砂滤池出水硝基苯浓度降至 0.00081mg/L，不到水质标准的 5%。27 日早 4 时以后，制水四厂入厂水水样中硝基苯已检不出。经当地卫生防疫部门检验合格后，陆续恢复供水。

案例分析：通过在取水口投加粉末活性炭，利用输水管线，保证粉末活性炭与污染物的接触时间，可有效吸附去除原水中的有机污染物。粉末活性炭吸附具有广谱去除、投资省、对短期水质突变适应能力强等优点，是一种简单易行的控制突发有机污染事件的应急技术。

6.5.4 无锡太湖水污染事件

2007 年 5 月 28 日下午开始，无锡市的南泉水源地突然恶化，造成自来水带有严重嗅味，自来水已经失去了除消防和冲厕以外的全部使用功能。从 5 月 29 日起，无锡市市民的生活饮水和洗漱用水全部改用桶装水和瓶装水，社会生活和经济生产受到极大影响。太湖的水发灰、发黑。藻类总数为 5000 万～8000 万个/L，COD_{Mn} 达到 15～20mg/L，氨氮为 7～10mg/L，溶解氧为 0。

根据水质检测结果和污染物成因分析，此次无锡自来水水源地污染物的可能来源是：太湖蓝藻暴发产生的藻渣与富含污染物的底泥，在外源污染形成的厌氧条件下快速发酵分解，所产生的恶臭物质造成无锡水危机事件。引发无锡水危机的水源水嗅味物质主要是硫醇、硫醚类物质，特别是还原性强的甲硫醇、甲硫醚，此外水中的氨氮、有机物浓度也很高。根据已有研究结果，含硫的致嗅物质能够被氧化剂氧化分解，但基本上不被活性炭吸附。高锰酸钾可以迅速氧化乙硫醇，而粉末活性炭吸附效果较差。此外，水中的有机物浓度也较高，达到 15～20mg/L，单靠氧化无法将有机物去除到水质标准之内。因此，综合使用氧化和吸附技术，可以去除各类嗅味物质和其他污染物。对于综合使用，必须氧化剂在前，活性炭在后，后面的活性炭还具有分解可能残余的氧化剂的功能。如果投加次序相反或同时投加，会因氧化剂与活性炭反应，产生相互抵消作用，效果反而不好。

经过试验，所确定的除臭应急处理工艺是：在取水口处投加高锰酸钾，在输水过程中氧化可氧化的致嗅物质和污染物；再在净水厂反应池前投加粉末活性炭，吸附水中可吸附的其他嗅味物质和污染物，并分解可能残余的高锰酸钾。为避免产生氯化消毒副产物，停止预氯化（停止在取水口处和净水厂入口处的加氯）。高锰酸钾和粉末活性炭的投加量根据水源水质情况和运行工况进行调整，并逐步实现了关键运行参数的在线实时检测和运行工况的动态调控。应急处理所增加的运行费用为 0.20～0.35 元/m³水（应急处理的高锰酸钾投加量 3～5mg/L，粉末活性炭投加量 30～50mg/L）。

该应急处理工艺通过合理采用多种处理技术，强化了对嗅味物质和有毒污染物的去除，并避免了因应急处理而产生新的污染问题，工艺合理，实施迅速，效果良好。在采用应急除嗅处理技术后，6 月 1 日下午起，水厂出厂水已基本上无嗅味。6 月 2 日，无锡市城区大范围打开消防栓放水，清洗管道，并清洗二次水箱。自来水嗅味问题基本解决，至少可以满足生活用水的要求。在此基础上，加紧进行毒理学指标的监测，以对饮水安全性做出全面评价。无锡市自来水总公司水质监测站进行了多次检测。建设部城建司又委托国家城市供水水质监测网的北京监测站和上海监测站，对水源水、中桥水厂出厂水和雪浪水厂出厂水 6 月 5 日水样进行了测定，检测按饮用水新国标《生活饮用水卫生标准》GB 5749—2006 要求进行，包括了标准中所有的有毒有害物质。检测结果满足新国标的要求。由于综合采用了去除污染物的氧化与吸附手段，出厂水水质要优于平常的水质。

案例分析：针对高藻水及其特征污染物的综合处理技术，必须确定其主要污染物种类，再根据其去除特性，综合采用多种处理技术，形成应急处理工艺，以应对因藻类暴发所引起的包括藻体、代谢毒性物质（藻毒素等）、代谢致嗅物质（2-MIB、土嗅素等）、腐败恶臭物质（硫醇、硫醚类等）等问题。

7 供水管网

7.1 一般规定

7.1.1 管网建设与改造应依据城市总体规划和供水规划，综合考虑安全运行、节能降耗、消防安全等因素，并满足国家现行标准的有关要求。

7.1.2 管网建设或改造前，应综合采用管网地理信息系统、水力模型和水质模型、漏损检测等方法，对现有管网进行评估，科学确定建设或改造方案，选择合适的管材、附属设施及施工技术。

7.1.3 管网建设与改造的较大工程，应进行多方案的技术经济分析，选定较优的改造方案。

7.1.4 为提高管网运行管理效率，可进行分区设计和分区管理，必要时设置增压泵站，调控管网压力，降低能耗和漏损。

7.1.5 应加强管网水质监测和管理，提出水质保障技术对策，采取切实可行的措施，确保管网末梢水质安全。

7.2 建设与改造

7.2.1 管网建设与改造应优先考虑：缺乏供水管网整体规划或管网结构布局不合理，管网供水能力与实际输送水量矛盾的管网；单管道输水和无防护措施的明渠输水工程；未实现区域间互联互通的多水源供水管网；枝状管网；未满足两路进水要求的用水单位管网；存在重大安全隐患的输水干管，以及管网陈旧、安全性差而频繁爆管的管网。

7.2.2 管材、附属设施和附配件应符合国家相关产品标准和工程质量要求，以技术经济比较择优选用。涉水材料和部件应符合水质安全的有关规定和要求。

7.2.3 有条件的地区，应优先采用管道开挖敷设技术；对无条件开挖的地区，宜结合工程环境和管网状况，通过技术经济比较，选用盾构、顶管、水平定向钻进等非开挖技术或管道清洗、穿插内衬、管道内除锈喷涂聚合物水泥砂浆等旧管修复技术。

7.2.4 管网施工过程中，应严格执行有关的标准规范和规程，确保管网系统良好的封闭性，避免管网失压，降低漏水损失，杜绝污染物进入管网系统。

7.2.5 管道工程竣工后，应将原旧管彻底废除，并将新建管道及其附属设施的图形和属性数据录入管网地理信息系统；未建立管网地理信息系统的，应做好纸质和电子竣工资料的存档工作。

7.2.6 城乡一体化管网改造过程中，应充分考虑乡镇管网区块化管理的可能性，预留监测仪表的安装位置。延伸城市供水干管向乡镇独立管网供水时应设置两路进水管并安装流量计量仪表，保持原乡镇管网的独立性，以便形成天然的区块化条件，方便区域水量管理。

7.2.7 实施管网改造，应对管网系统中影响供水安全和水质的有关设备与建（构）筑物进行同步改造，并按有关规定和标准设置测压点、测流点和水质监测点。

7.2.8 新建的管道工程，管道连接应采用柔性接口，已出现漏水的现有刚性接口应进行柔性化改造。

7.2.9 当供水区域地势差别大时，可分区域采取局部加压的措施，合理设置增压泵站，并根据需要配备加氯设施；地势高的地方亦可设置高位水池。

7.2.10 管网最不利点的最低压力，应根据当地实际情况，通过技术经济分析论证后确定；地形变化大时，最低压力可划区域核定。

7.2.11 消火栓和进排气阀等应有防止水质二次污染的措施，严寒地区还应有防冻措施。

7.2.12 新建或改造管道并网前，应对管道进行冲洗和消毒；冲洗流量不足时，宜采用气水脉冲技术。管道并网和冲洗过程中应加强对泵站、阀门的规范操作管理，防止水锤危害。管道并网运行后，原有管道需废除的，不应留存滞水管段；停用且无法拆除的管道，应在竣工图上标注其位置、起止端和属性。管道并网连接时宜采用不停水施工方式。

7.2.13 大用户接入管网时，应根据核定的常用流量选择水表形式和规格；用水量时变化大且超出水表常用流量的，应加装控流装置。

7.2.14 二次供水设施接入管网时，宜采用蓄水型增压设施，避免对管网水量和水压产生影响。

7.2.15 用户管道和市政管网间应设置物理隔断，对一些可能造成管网水质污染的特殊用户应采取强制物理隔断措施；严禁自备水源的管网及非生活饮用水的管网与市政管网连接；与市政管网连接的、存在倒流污染可能的用户管道，应设置防止倒流污染的装置。

7.3 应 急 能 力

7.3.1 单水源（水厂）管网系统安全性差，应进行多源（厂）化改造；独立供水区域间应设置应急连通管。

7.3.2 管网系统中应有一定数量的高位水池（或水塔）和屋顶水箱，地震、事故状态下可存储一定容量（日供水量的 5％～15％）的应急水量，高位水池、水塔和水箱应定期清洗消毒，防止水质二次污染，不方便进行排水清洗的地下水池应取消。

7.3.3 重要管线、泵站、水厂改扩建前宜通过管网模型计算做好应急调度预案；主要输水管或出厂干管的管段检修时，应保证供水区有 70％以上的供水量。

7.3.4 水源切换，特别是用地表水源取代地下水源时，应研究制定相关措施。可通过管网水质敏感区识别、分区供水调度、水质参数调节、新旧水源混合勾兑，或以消毒剂调节等，避免大规模的管网"黄水"发生。

7.3.5 地震带供水单位应在地震灾害发生前后做好详细的应急

73

预案，对影响供水安全的管网及附属设施进行建设或改造。

7.3.6 应强化管道基础抗震加固措施，特别是做好干管基础加固；地震后，管网损坏导致供水压力无法满足地势较高区域的用水需求时，可考虑在管网中设置消防车进行两个消火栓之间的临时加压。

7.3.7 如震后管网密闭性受到破坏，不能确定管网水质是否是由负压而导致外源污染，应在震后提高加氯量，并在第一时间通知居民，尽可能自行消毒自来水并确保煮沸饮用。

7.3.8 为有效处置管网突发事件，应按照管网突发事件的性质、影响范围、事件的严重程度和可控性分级管理等，对管网进行必要的建设或改造。

7.3.9 各类管网突发事件发生后，应做好相关善后处置工作；重大突发事件还应对事件的发生原因和处置情况进行评估，提出建设或改造措施。

7.4 工 程 实 例

7.4.1 管网区块化工程

上海市奉贤区在城乡一体化管网改造过程中，保持接管的20个乡镇管网独立性，废除原乡镇小水厂改为加压站，延伸城市水厂主干管至各乡镇加压站，形成20个天然的独立区块，20个区块里面又进行了区块划分，这些区块的划分方便了区域水量计量，逐级明确了各区块的产销差率，辅以全系统水平衡理念和创新管理方法，奉贤自来水公司供水产销差率明显降低，从2005年的46%降到2009年的26%，其中新寺社区产销差率做到8%以下。

针对传统供水系统管网连接复杂，对供水压力、水质、漏损及产销差率的管理和维护等方面造成不便的情况，奉贤区南桥东大型居住社区供水布局在规划及设计初期阶段，就进行了区块化规划考虑，具体实施时按照区块化规划进行布局安排，保证了该区域供水科学管理，管线合理设计、布局，避免管线建成后再实施分区所造成的不便及投资浪费。

奉贤区南桥东大型居住社区总用地面积 12.62km²，2020 年规划总人口 23 万人，规划用水量 8.8 万 m³/d。在区域供水布局时，区别于传统规划，使部分原本相连的管道不进行连接，并对于部分连接管道增设计量设施，形成若干个独立供水区域，从而实现对各个区域的进出流量进行监测。奉贤区南桥东大型居住社区采用两级分区，一级分区形成四个区域，各区域采用 3 个进水点，一级管线由 DN500～DN600 管道组成，需加装 DN600 电磁流量计 2 只，DN500 电磁流量计 10 只；在一级分区基础上，针对一级各区域再分成 2～3 个区块，合计 10 个区块，各小区块采用 3～5 个进水点，各进水点处设预留水表井、旁通管线及控制阀门，二级管线由 DN200～DN300 管道组成，共预留 31 个 DN300、6 个 DN200 水表井，平时供水从旁通管线进行供水，需要计量时，临时在预留表井里安装计量表，关闭旁通控制阀进行区块供水及计量工作。

实例分析：分区计量管理在西方发达国家已经成功应用，可以帮助供水企业更好的认识表观漏损、更有效地降低实际漏损。国内多个大城市也已进行了相关探索和应用。今后，需在建立分区计量准则和方案优化方面深入开展研究工作。

7.4.2 非开挖管网修复工程

据有关专家统计，我国大中城市中特别是老旧城镇供水管道中 65% 以上超期超负荷运行，管道老化损坏，管网漏损率很高，管网修复工程巨大，紧迫性日显。业内人士认为非开挖管道修复技术的应用和推广，必须在内衬材料、管道压力、内壁摩阻系数、通水流量、管件接点、泵验和后镇垫养护等方面具有系统验证手段和认证，非开挖管道修复技术是以非常规科学试验和过程控制有效组织的系统工程。

1 北京市供水管网非开挖修复工程

截至 2011 年年底，北京市供水服务面积 698km²，中心城区供水管网总长 8408km，运行时间超 30 年的达 1727km，特别是运行 50 年以上的管线共有 453km，接近管线使用年限。北京自来水集团计划利用 5 年时间，共计改造管线 1966km，投资 24.7 亿元，完成改造隐患突出的干管、次干管 196km；实施铸铁管内喷涂环氧树脂，钢塑复合管替代镀锌管，总长 1770km；工程同步实施附属设备改造 30000 座（图 7-1）。

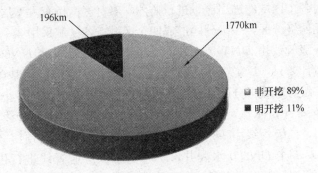

图 7-1　北京市非开挖技术占改造管道的长度比例

表 7-1　管网改造中的非开挖技术适用范围

技术名称	适用范围
内胀圈安装技术	DN800 以上管线的接口加固、防漏
非开挖穿管技术	DN150～DN1000 上水管线的内壁处理、加内衬及新装管线
内旋风喷涂技术	DN200 以下管线的内壁处理、除锈、加内衬
聚脲喷涂技术	DN800 以上管线的清理、加内衬
液压胀管技术	DN800 以下管线的原位置换管
薄壁不锈钢技术	DN800～DN2200 管线内壁处理、加内衬

以上是多种利用非开挖技术来完成自来水管线的更换、改造的方法，虽然非开挖施工方法可能永远不能替代传统的开挖方法，然而它们各有优缺点：丰富了自来水管线的施工手段，在城市建设日益完善，交通日益繁忙，对文明施工要求越来越高的今天有着广阔的发展前景。北京自来水集团将在施工中不断探索，总结经验，进一步完善和发展非开挖技术。

实例分析：非开挖管道修复技术可在不具备开挖条件的场所实施，因此具有不可或缺的优势。近年来，非开挖技术的迅猛发展，为供水管道施工提供了更为丰富的选择，在保护地面建筑、节省工程造价等方面获得了巨大的成功。在城市水务工程施工中将会具有更广阔的应用前景。

2 福州 HDPE 缩径内衬工程

福州市北区水厂建设于 20 世纪 60 年代，一级供水分别依靠 $DN1000$ 及 $DN800$ 两条预应力承插式接口的水泥管道输送。由于该浑水管埋设年代久远，且大部分管道穿越村庄、农田、菜园、鱼塘公园等，随着时间的推移和城市建设的发展，地形、标高等也发生了较大变化，管线埋深在 0.8～6 m 左右变化，埋设地质条件差，管线材质已严重老化，多次出现爆管事故，一些漏点由于位置特殊还难以开挖得到维修，造成极大的经济损失。如果全线更新管道，沿线需大面积拆迁居民住宅和机关单位，协调难度极大，且破路和赔偿费用极高，管道改造投资费用较大。权衡利弊，福州市自来水总公司决定尝试采用非开挖施工技术对 $DN800$ 的浑水管进行改造，达到修复的目的。经综合技术、经济的比较，最后采用了内穿插改性高密度聚乙烯管（HDPE）的技术方案。

北区水厂 $DN800$ 浑水管全线长 5.3 km，本次修复工程为一级泵房出水口至梅亭 1km。该段管道大部分敷设于农田中，随着地层蠕动、城区扩大及建筑物的不断增加，浑水管线局部产生沉降，大部分钢制、铸铁管件腐蚀严重。经调阅资料和现场踏勘，初步确定分三段进行穿插。

管线清洗：由于管线沉降、腐蚀严重，已不能满足全线 PIG 物理清洗的要求，因此通过分段清洗，扶正水泥管口错口，来达到 HDPE 安全穿插的条件。首先，拆除穿插入口端和牵引端长约 10m 的水泥管后，排除管内积水，用机器人对管内进行内窥检查（3～4 遍）；其次，以牵引机为牵引动力，在管内排污、除瘤、通径。由于原北区水厂的水泥管来源于不同的生产厂家，实际管径差异较大，大致有四种口径，因此按四级进行除瘤、通径；通径后，选用 12m 长的 HDPE 管和一根水泥管做穿插试验，检查通径、除瘤效果和穿插阻力。穿插试验段划痕深度不大于 1mm、穿插阻力不大于 15t/km，通径、除瘤合格，可进行穿插工作。

HDPE 穿插：根据每段穿插及分段方案，确定每段穿插 HDPE 管的长度，焊接 HDPE 管，每穿插段应留有一定的长度余量；穿插接受进行压力为 0.1MPa 的气密试验，检查 HDPE 管焊缝的严密性；严密性试验合格后，用牵引机将经过等径压缩的 HDPE 管穿入待修管中。

HDPE 复合法兰制作及全线连接：经 24h HDPE 管回复管径，对各管段进行 0.3MPa 压力试验，使 HDPE 管充分膨胀、回缩，减小 HDPE 管与水泥管承插口处的间隙；确定弯管位置，测量 HDPE 法兰安装长度，切割多余 HDPE 管，焊接 HDPE 复合法兰；安装弯管支撑和弯管；连接 HDPE 复合法兰与弯管，安装钢制套袖，固定 HDPE 复合法兰。

北区水厂 DN800 浑水管采用 HDPE 缩径法穿插修复工程竣工试压后投入生产。由于原水泥管埋设年代久远，各个水泥管供货厂家生产的水泥管口径差异较大，因此所确定的 HDPE 管道穿插后局部达不到紧密贴合的效果，但当时按裸管单独承压条件选择的 HDPE 管壁厚，经水压试验合格，运行两年多以来，没有出现过爆管或漏水事故，因此，基本达到修复目的。经经济测算，该管段施工费用仅为传统全线开挖换管造价的 40%。由于在弯管、三通、变径等处局部需开挖工作坑、断管并采用专用配件焊管连接，因此此项技术适用于分支少、距离较长的输水管道的修复。

实例分析：改性高密度聚乙烯管（HDPE）在输水管道内衬修复工程中的成功应用，说明在材料学方面已经不存在工艺技术难题，也没有发现存在水质安全问题。但是，具体施工方法、局部细节处理以及旧管与内衬管之间的紧密结合问题还需进行深入研究。

3 上海市供水管网非开挖修复工程

1) 逆反转修复工程以浸透热固性树脂的纤维增强管式编织软管作为管道衬里材料,采用气压式液压法将次软管翻转进入管道内,使浸透热固性树脂的一面贴服在管道内表面并压紧,然后采用热水或真气使软管上热固性树脂固化形成一层坚硬的管中管结构,从而使已发生破损输送功能的地下管道在原地原位得到重建和更新。工程实例如上海四平路某段管道 $DN1500 \times 400m$ 敷设于 20 世纪 70 年代,2002 年前后爆管频繁,2003 年以逆反转技术修复。

2) U 型 PE 回涨内衬管法采用与标准 PE 管相同的可用于修复的口径范围在 $DN100 \sim DN500$ 之间,管材出厂时折叠成 "U"型,并排在转轮上运至工地现场。因此减少了管线的横断面,施工时可以很容易的插入被修复的管线。折叠管线可以通过线轴从直接安装管线的工作坑输送,穿越后管线两端封口,用蒸汽将穿越的折叠管线加温吹胀。由于折叠管具有回涨 "记忆力",通过加热后压缩空气使折叠管恢复到最初形状,吹涨的 PE 管与母管内壁紧贴相连,这种紧贴使安装的 PE 管线成为独立的具有高质量和耐用的管线。这种内衬修复方法是成熟的修复工艺和技术,具有整体性好的特点。当母管清垢后修复便捷,由于 PE 管内壁光滑摩阻小,尽管截面积略缩,但流量相近,由于受技术局限开三通或等径开洞需作施工技术处理。工程实例如上海杨树浦内江路某管道 $DN300 \times 400m$,内壁结垢严重,管龄 40 多年,采用 U 型 PE 回涨内衬管法修复。

3) 快速固化聚合物内衬修复技术通过高压空气压缩将 AB 两材料通过软管输送到旋转喷头,拢动作用后旋转喷涂管内表面,快速固化形成,快速固化形成聚合物内衬,高压旋转喷头在中央控制设备作用下自动喷涂,确保喷涂厚度和喷涂质量,一次可喷涂 200m 长。工程实例如 2011 年上海政修路某段管道 $DN300 \times 230m$ 采用快速固化聚合物内衬修复技术。

实例分析：逆反转修复工程和 U 型 PE 回涨内衬管法都是采用柔性材料修复管道的技术，均很好地解决了旧管破损问题，但必须解决好内衬管强度、内衬管和母管结合度等技术难题。快速固化聚合物内衬修复技术的特点是能够用于小管径管道修复，在解决好施工工期和喷涂材料耐久性问题的情况下，应具有巨大的实用价值和应用前景。

8 二次供水

8.1 一般规定

8.1.1 当民用与工业建筑生活饮用水用户对水压、水量要求超过供水管网的供水能力时，应建设二次供水设施，保障用户用水安全。当二次供水设施不能满足用户需求时，应对二次供水设施进行改造。二次供水不能影响市政管网正常供水。

8.1.2 新建、改造二次供水设施建设和管理应符合《二次供水工程技术规程》CJJ 140—2010 的规定及国家现行有关标准的规定。

8.1.3 二次供水系统应综合考虑管网供水能力和用户用水需求。应建立独立的消防系统和生活系统，并分别满足有关要求。

8.1.4 同一供水区域或相邻供水区域存在多个二次供水设施时，应根据水质安全、节能降耗、运行管理和经济合理等要求，对二次供水系统进行整合。

8.1.5 二次供水设施应独立设置，并具有防污染以及安全保障措施。

8.1.6 二次供水系统的设备和产品应符合现行国家标准的有关规定。

8.1.7 应定期对二次供水水质进行检测，水质不能满足国家《生活饮用水卫生标准》GB 5749—2006 的规定时，应增设有关水质净化设施对二次供水设施进行改造。

8.2 供水方式选择

8.2.1 二次供水系统因供水方式不同有多种设备/设施类型，选用时应综合比较安全、能耗、投资、运行管理等因素。二次供水方式可分为叠压供水、变频调速供水、气压供水、高位水箱供水。

8.2.2 叠压供水可利用市政管网原有压力,具有节能节地、无二次水质污染等特点,适用于周边市政给水管网比较完善,允许直接串接的建筑。但在以下区域不宜采用叠压供水:市政管网压力较低的区域;由于水量不足导致经常性停水的区域;供水干管的供水总量不能满足高峰用水需求和供水干管管径偏小的区域;供水保证率要求高,不允许停水的区域;对医疗、医药、造纸、印染、化工行业和其他可能对公共供水造成污染危害的相关行业与用户。

8.2.3 变频调速供水通过调节水池和变频泵供水,适用于市政管网不允许直接抽水的建筑,不设高位水箱。变频泵选择应以低噪声、节能、可靠、维护方便为原则,二次供水泵房应设置备用水泵。用水量变化较大的用户,宜采用多台泵组合供水。

8.2.4 气压供水是利用气压罐内的气体压缩性,将水压入管道进行升压供水的方式,适用于供水管网压力低于或经常不能满足用户所需水压、且不宜设置高位水箱的建筑。气压供水宜采用隔膜式气压供水设备,气压罐的有效容积应与水泵允许启停次数相匹配。气压罐可设置在高处或低处。

8.2.5 高位水箱供水利用水泵或市政管网用水低谷期压力将水引至高位水箱,并利用重力进行供水的方式,适用于市政管网供水压力白天高峰用水时偏低,夜间低峰用水时偏高,且允许设置高位水箱的建筑。高位水箱水质保持是二次供水水质安全的关键环节,宜通过改造老式水箱、合理选择水箱材料和构造、规范水箱设计与施工,进行二次消毒处理,加强维护管理等措施保障屋顶水箱水质。条件允许时,宜逐步取消无调节作用的屋顶水箱。

8.3 建设与改造

8.3.1 供水水箱(池)应有合理的调蓄能力,满足有关标准的要求;水箱容积过大时,应设置可变动的储水位、导流板等。水箱(池)应有可靠的液位控制装置。

8.3.2 水箱（池）宜优先选择顶部进水，水箱（池）侧面设置进水管时，进水管与出水管应采取相对方向设置，必要时应设导流装置。水箱（池）必须设置两个以上通气管，以保证水箱（池）内的空气流通。水箱（池）进出水管必须安装阀门，并设置水位监控或溢流报警装置，浮球阀的浮球、连杆应采用耐腐材料。

8.3.3 水箱（池）不得与消防、暖气、空调、中水等其他用水的储水设施混用，因条件所限低位水箱（池）兼做消防用途时，应分别设置生活用水出水管和消防用水出水管。消防用水出水管的起端应设置倒流防止器。

8.3.4 水箱（池）内衬应使用聚乙烯、不锈钢贴面等材料，严禁使用混凝土、手糊玻璃钢、普通钢板材料。

8.3.5 水箱因自身结构产生裂缝或老化破损严重，内部产生旋涡、回流等情况在水箱内造成死角以及水质污染，或者材质不符合要求时，应将原有水箱更换为不锈钢、搪瓷钢板、SMC玻璃钢等材质的水箱。

8.3.6 埋地式生活饮用水储水池周围一定范围内，严禁有化粪池、污水处理构筑物、渗水井、垃圾堆放点、污水管等污染源。

8.3.7 二次供水管线应自成系统，与市政供水管道直接连接时应有可靠的防倒流装置，严禁与自备水系统及其他任何管道勾连；与电力电缆、通信电缆、压力排水管道等一起设于综合管沟内时，各管线间应建隔墙。

8.3.8 管材应选用对水质无污染、耐腐蚀性较好、水流阻力系数较小的材质，优先选用不锈钢管、金属复合管、铜管、塑料管。

8.3.9 对于设备老化、运行状况不良、性能指标落后的水泵，应选择效率高、噪声低、节能型新产品对泵房设备进行更新改造。

8.3.10 水泵产生汽蚀应区别情况，采取相应的防护措施。对因水泵设计或制造引起的汽蚀以及需要改变扬程和流量的水泵，应对水泵进行更新改造。

8.3.11 水泵宜采用自灌式安装。对于需要改变扬程和流量的水泵，可重新设计水泵叶轮和导叶体，或直接用新产品替代。

8.3.12 水泵机组变频控制时，宜采用多台工作泵，水泵应能自动交替工作、互为备用。

8.3.13 阀门的材质应与管材相匹配。应选用趋于直线、关闭灵活、耐腐蚀、寿命长的阀门。

8.3.14 应设置或完善水位、压力、流量等水力参数和电流、电压、功率等电气参数以及轴承温度和机组振动等项目的监视测量仪器，并选用符合国家、地方及行业标准的电控柜。

8.3.15 居住建筑的泵房宜独立设置，其环境噪声与振动应符合国家标准的有关规定。泵房的内墙、地面应选用符合环保要求、易清洁的材料铺砌或涂覆，泵房内应整洁，严禁存放易燃、易爆、易腐蚀及可能造成环境污染的物品。

8.3.16 泵房内电控系统宜与水泵机组、水箱等输配水设备隔离设置，并有防水、防潮措施。

8.3.17 水质在线监测仪器应具有数据接收、存储、传输、读取、分析等功能，可选择落地式安装或壁挂式安装，并有必要的防震措施。在仪器周围应留有足够的空间，现场自动分析仪到数据集成器的电缆连接应稳定可靠，数据传输距离应尽可能缩短。

8.4 工程实例

8.4.1 叠压供水设备改造

以沈阳市皇姑区嘉陵江北泵站为例，该二次加压泵站建于1994年，泵站供水面积24.5万 m^2，供水范围50栋楼，3743户，用水人口约13101人，采用传统混凝土水池加变频泵供水方式。自2010年起，采用叠压供水设备替代现有泵站供水设备，取消蓄水池，改造为管网与供水设备直连的方式，充分利用管网余压，既可以节约泵站从蓄水池取水部分消耗的能源，又可以防止加压过程中造成的二次污染。工作原理如图8-1所示。

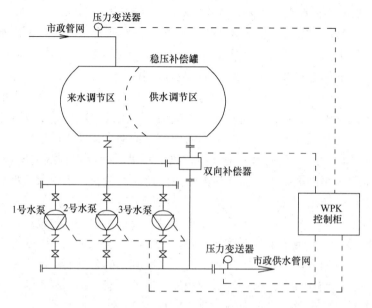

图 8-1 叠压供水设备工作原理

采用微机变频技术，通过稳压补偿系统使设备与市政来水管网直接串接。通过微机检测管网压力，根据实际情况设定出水点工作压力，检测供水管网实际压力与设定压力进行比较，降低或升高变频器频率。在正常供水时，水泵从稳压补偿罐来水调节区取水增压，供水调节区通过双向补偿器对瞬时高峰用水差量补偿，这些技术措施有效保护了市政来水管网的压力不受干扰，供水调节区在正常供水时通过双向补偿器与市政供水管网连通，能够有效保护市政供水管网的压力稳定，控制系统独特设计及双腔结构的罐体设计，能够避免压力管道流速的急剧变化所产生的水力冲击现象。

改造后的泵站在节能降噪、水质卫生、省地免维护等方面都有了很大的改善。

节能方面：改造前使用老式的微机变频供水，单台水泵运行，出水管压力为 0.38MPa。水泵型号 100DL×3，流量

100m³/h，扬程 60 m，功率 30kW，每天的用电量在 450～550kWh 左右。改造成叠压供水设备后，共两台水泵运行，出水管压力为 0.4MPa，水泵流量 70m³/h，扬程 42m，功率 11kW，每天的用电量在 280～380kWh 左右，节电率 34%。

水质卫生方面：由于老的变频水箱大部分为地下或半地下的水泥水池，上边都有通气孔，一些小的飞虫及尘土易进入到水箱内，使水质变差，有发黄发浑的现象。特别是在停水后恢复供水时，用户经常会发现水是黄的，放置一段时间后，有沉淀出现。由于水箱的面积大，储水池内水力停留时间较长，水中余氯量减少，且易出现死水层及滞留层，导致细菌滋生，对居民的身体健康造成一定程度的危害。采用叠压供水设备后，设备的整体是全密闭的，杜绝了水与大气的接触，过流部件全部采用 SUS304 食品级不锈钢，防止了二次污染的产生及其他的公共安全隐患。

占地及维护方面：①节约用地。取消了老式的变频水池，缩小了供水设备的占地面积。改造前使用 1000m³ 的水泥水池，加上泵房占地面积为 300m² 左右；改造后只使用原有设备间，占地面积为 30m²。②免维护方面，新设备具有自动报警功能、远程监控功能，可以实现停水自动停泵、设备故障报警、来水自动起泵等功能，并将泵房设备运行情况实时传输到远程监控中心。改造后免除了每年两次的定时水池清理，节约了人力和财力，而且方便维护检修。

泵房卫生情况：改造前由于原设备跑、冒、滴、漏现象严重，在改造供水设备的同时也对泵房环境进行了改造。改造后，泵房卫生环境有所改善，地面不再有积水，使泵房的湿度降低，减缓了管路的氧化作用，增加了管路及设备的使用寿命。

实例分析：相对于传统的二次加压方式，叠压供水技术具有许多优点：节能、改善水质、占地面积小、自动化程度高等。但采用该技术前应进行适用条件验证、水力模拟、设备对比选型、甚至是与其他二次供水方式的对比等相关工作。

8.4.2 变频供水设施改造

以沈阳市宏达泵站为例，通过对二次供水加压泵站采用新式变频设备进行更新改造，在节能、降噪、环保和安全等方面取得了显著成效。

节能方面：由于原来采用普通立式泵、管道泵，过流部件粗糙，效率低，供水工艺落后，加之泵站规模小，分布散杂，缺乏统筹规划，导致运行耗能高。改造前采用老式变频供水时，每天耗电量在 185～220kWh 左右；改造后，每天耗电量在 146～175kWh 左右，平均节能 21%。

降噪方面：由于原来的水泵加工工艺落后，配置低，电机质量不好，所以机械噪声和电磁噪声很大，尤其在夏季，对居民的休息影响很大，经常遭到居民投诉。尽管泵站采用了隔声措施，但效果并不理想。泵站改造后，噪声得到大大降低，夜晚噪声低于 50dB，居民的居住环境得以改善。

环保和安全方面：原水泵为铸铁材质，加工粗糙，缺少较好的防腐措施，长期运行后，设备锈迹斑斑，对水质和环境影响很大。不少水泵由于锈死而无法正常运转，经常在用水高峰期发生故障，导致供水中断，给居民用水带来了很大隐患。改造完成后，上述问题从根本上得以解决。

实例分析：在不进行泵房加压方式改变的情况下，泵站改造方案的优化能够达到节能降噪、改善水质等方面的目的，又能大大降低改造的成本，本案例对老旧泵站的改造具有很好的借鉴作用。

9 水 质 监 控

9.1 一 般 规 定

9.1.1 生活饮用水水质必须符合《生活饮用水卫生标准》GB 5749—2006 的要求。生活饮用水水质检测方法依据《生活饮用水标准检验方法》GB/T 5750（所有部分）。

9.1.2 水质检测的采样点选择、检验项目和频率、合格率计算按照《城市供水水质标准》CJ/T 206—2005 执行。

9.1.3 所有城镇供水厂都应设有化验室。地级城市的供水企业和供水规模达到 30 万 m³/d 以上的县级市、县城供水企业应设有中心化验室。直辖市、省会城市、计划单列城市或区域经济中心城市，应按照重点城市的供水企业中心化验室的要求进行水质检测能力建设。

9.1.4 重点城市的供水企业中心化验室，检测能力应满足对《生活饮用水卫生标准》GB 5749—2006 全部水质指标（106 项）进行检测的要求；地级城市的供水企业中心化验室，检测能力至少应满足对《生活饮用水卫生标准》GB 5749—2006 水质常规指标（42 项）进行检测的要求；其他城市（包括县城）的供水企业水质实验室建设，应按照《城市供水水质标准》CJ/T 206—2005 的有关要求和各地具体情况，但实验室检测能力至少要覆盖浑浊度、色度、臭和味、肉眼可见物、消毒剂、细菌总数、总大肠菌群、耐热大肠菌群、COD$_{Mn}$、氨氮等 10 项水质指标，其中消毒剂检测能力应根据本企业供水厂使用的消毒剂的具体种类进行配置。

9.1.5 化验室检测仪器设备的配置在满足检测方法准确度、精密度等基本要求的条件下，鼓励选择集成度高、人为因素干扰小、运行成本低、便于操作和维护的设备。

9.1.6 化验室应根据自身检测能力、检测工作量等条件配备与之相适应的检测人员和管理人员。

9.2 重点城市供水企业中心化验室建设

9.2.1 检测能力

除应具备《生活饮用水卫生标准》GB 5749—2006 中全部指标（106 项）的检测能力外，还应具备《地表水环境质量标准》GB 3838—2002 中基本项目和《地下水质量标准》GB/T 14848—1993 中的 pH、氨氮、硝酸盐、亚硝酸盐、挥发性酚类、氰化物、砷、汞、铬（六价）、总硬度、铅、氟化物、镉、铁、锰、溶解性总固体、高锰酸盐指数、硫酸盐、氯化物、总大肠菌群，以及反映本地区主要水质问题的其他项目的检测能力。

9.2.2 环境设施建设

1 化验室场所应包括办公区、检测区及其他附属功能区等，其建筑及水、电、气、通风等环境设施均应合理设计，场地面积不宜小于 $1500m^2$。检测区的场地环境条件要求见表 9-1。

表 9-1 检测区环境条件要求

序号	区 域	要 求
1	样品接收室	应具备样品保存条件，饮用水水质检测样品专用；与检测区、办公区分隔，分隔方式以满足对委托方身份或样品来源保密的要求为准
2	无机实验区	分为大型仪器检测室和理化分析室，以及无机前处理室。分布时基于任务量，对各台仪器的水、电、气需求综合考虑，合理布局，具备必要的通风条件，送排风系统应各自独立设计，独立使用
3	有机实验区	分为空间布局上相互独立的挥发性物质检测室和半挥发性物质检测室，以及有机前处理室。分布时基于任务量，对各台仪器的水、电、气需求综合考虑，合理布局，具备必要的通风条件，送排风系统应各自独立设计，独立使用
4	微生物实验区	应与其他实验区有效隔离。无菌室应根据实际条件选择相应的洁净（无菌）等级，并按照无菌室建筑标准规范进行建设。应具备微生物培养及检测条件

序号	区 域	要 求
5	放射性物质检测区	应与其他实验区有效隔离,实施监控,具备必要的通风条件、喷淋条件、隔离更换防护服区域等。放射室应确保检测人员和环境免受有害影响,其所处位置应相对独立。围护墙、顶棚、门、观察窗、通风、照明及给排水设计等均应符合《放射性实验室设计和装备安全手册》的规定。按照检测流程和防护需要一般可设置前处理室、专用天平室、仪器室、应急喷淋室等
6	天平室	恒温恒湿环境,避免震动
7	试剂库房	分为试剂存放区域和器材存放区域,其中化学试剂中剧毒、危险物品及易制毒化学品应单独存放并实行双人双锁管理,应具备必要的隔离措施,化学药品试剂库房照明应安装使用防爆灯

2 检测区域应采用耐火或不易燃材料建造,隔断和顶棚应具有防火性能。地面应耐酸、防滑、防腐蚀、防水,窗户应能防尘,室内采光应符合检测要求。

3 检测区域应有良好的通风条件。通风设施可分为全室通风、局部排气罩或通风柜。化验室的废气处理,必须采用专用风道,处理后从楼顶排放,对毒性较大或数量多的废气应处理后排放。大型精密仪器室、洁净化验室的送排风系统应各自独立设计,独立使用。

4 检测区域应根据不同应用功能的需要配置空调系统或暖气系统,控制环境温/湿度。一般化验室夏季的适宜温度为 18~28℃,冬季为 16~20℃,湿度保持在 30%~70%。天平室和精密仪器室应根据需要对温/湿度进行精密控制。

5 检测区域供配电主要包括照明用电、设备用电以及动力用电。应独立布线,形成回路。精密检测仪器设备应配备不间断电源系统,并设置接地,接地应符合相关规定,无特殊要求时,接地电阻不宜大于 4Ω。各种管线应尽量避免外露。同时还应安装避雷和防雷击装置。

6 检测区域的各项设施必须符合安全防火要求。应设置消防灭火系统、火灾烟雾报警器、紧急事故处理设施，配备有毒有害废液废物的收集装置等。并应有各种应急预案。

7 化验室应设计合理的上、下水系统。有害废水必须经无害化处理后才能排入下水管道。

8 化验室用的压缩气瓶，必须固定，不能靠近火源，应放置在阴凉的地方；易燃、易爆气瓶应放置于气瓶间。备用气瓶应单独设置气瓶间存放。

9.2.3 设备配置

设备配置应满足检测能力的要求，基本配置参见表 9-2。设备具体类型、性能和精度应满足国家和行业有关水质检测方法标准的要求。配置数量可根据工作等情况综合确定。

表 9-2 重点城市中心化验室检测设备基本配置

序号	设备名称	检测项目
1	两虫检测系统	贾第鞭毛虫、隐孢子虫
2	台式散射光浊度仪	浑浊度
3	精密酸度计	pH
4	紫外/可见分光光度计	挥发酚类、阴离子合成洗涤剂、硫酸盐、氟化物、氰化物、硝酸盐、硫化物、硼、氨氮、铝、铁、锰、铜、锌、砷、硒、汞、镉、铬、铅、银、铍、甲醛、氯化氰、游离余氯、一氯胺、二氧化氯、臭氧
5	原子吸收光谱仪/原子荧光光谱仪/电感耦合等离子体发射光谱仪	铜、锌、硒、汞、镉、铅、银、钼、镍、钡、锑、铍、铊、钠 /砷、硒、汞、镉、铅、锑、铍/硼、铝、铁、锰、铜、锌、砷、硒、汞、镉、铅、银、钼、镍、钡、锑、铍、铊、钠
6	离子色谱仪	氯化物、氟化物、硫酸盐、硝酸盐、钠、亚氯酸盐、氯酸盐、溴酸盐
7	低本底 α/β 放射性测定仪	总 α 放射性、总 β 放射性

序号	设备名称	检测项目
8	气相色谱仪、顶空装置/吹扫捕集设备	四氯化碳、1, 2-二氯乙烷、1, 1, 1-三氯乙烷、氯乙烯、1, 1-二氯乙烯、1, 2-二氯乙烯、三氯乙烯、四氯乙烯、丙烯酰胺、环氧氯丙烷、苯、甲苯、二甲苯、乙苯、氯苯、1, 2-二氯苯、1, 4-二氯苯、三氯苯、苯乙烯、三氯甲烷、一氯二溴甲烷、二氯一溴甲烷、二氯甲烷、三溴甲烷、邻苯二甲酸二 (2-乙基己基) 酯、五氯酚、七氯、六氯苯、滴滴涕、六六六、林丹、对硫磷、甲基对硫磷、马拉硫磷、乐果、百菌清、溴氰菊酯、灭草松、2, 4-滴、敌敌畏、毒死蜱、三氯乙醛、二氯乙酸、三氯乙酸、2, 4, 6-三氯酚、六氯丁二烯
9	高压液相色谱仪	苯并 (a) 芘、微囊藻毒素-LR、溴氰菊酯、呋喃丹、莠去津、草甘膦
10	万分之一电子天平	溶解性总固体、总硬度、耗氧量等准确称量项目
11	现场检测及应急监测便携设备	现场检测项目、应急监测项目

除表 9-2 中的基本设备外，化验室还应配备实验室辅助设备及配套系统，包括超声波仪、抽滤装置、自动固液萃取装置、离心机、高压灭菌器、恒温干燥箱、生化培养箱、水浴锅、电炉、干燥器以及超纯水系统、实验用供气系统、样品保存用冰箱、采样箱和实验室数据处理设备及软件等。

9.2.4 人员配备

1 化验室工作人员主要包括管理人员和检测人员。检测人员不宜少于 16 人。

2 检测人员须经过岗位培训持证上岗。

9.3 非重点城市供水企业中心化验室建设

9.3.1 检测能力

除应具备《生活饮用水卫生标准》GB 5749—2006 中常规指标和有关非常规指标的检测能力外，还应具备《地表水环境质量标准》GB 3838—2002 中基本项目和《地下水质量标准》GB/T 14848—1993 中的 pH、氨氮、硝酸盐、亚硝酸盐、挥发性酚类、氰化物、砷、汞、铬（六价）、总硬度、铅、氟化物、镉、铁、锰、溶解性总固体、高锰酸盐指数、硫酸盐、氯化物、总大肠菌群，以及反映本地区主要水质问题的其他项目的检测能力。

9.3.2 环境建设

化验室面积不宜小于 700m²。其他要求参照本《实施细则》9.2.2 节。

9.3.3 设备配置

设备配置应满足检测能力的要求，基本配置参见表 9-3。设备具体类型、性能和精度应满足国家和行业有关水质检测方法标准的要求。配置数量主要依据检测任务确定。

表 9-3 非重点城市中心化验室检测设备基本配置

序号	设备名称	检测项目
1	台式散射光浊度仪	浑浊度
2	精密酸度计	pH
3	紫外/可见分光光度计	砷、镉、铬、铅、汞、硒、氰化物、氟化物、硝酸盐、甲醛、亚氯酸盐、氯酸盐、铝、铁、锰、铜、锌、氯化氰、硫酸盐、挥发酚类、阴离子合成洗涤剂、氨氮、游离余氯、一氯胺、二氧化氯、臭氧
4	离子色谱仪	氯化物、氟化物、硫酸盐、硝酸盐、溴酸盐、亚氯酸盐、氯酸盐
5	低本底 α/β 放射性测定仪	总 α 放射性、总 β 放射性
6	气相色谱仪、顶空装置/吹扫捕集设备	三氯甲烷、四氯化碳
7	万分之一电子天平	溶解性总固体、总硬度、耗氧量等准确称量项目
8	现场检测及应急监测便携设备	现场检测项目、应急监测项目

除表 9-3 中的基本设备外，化验室还应配备实验室辅助设备及配套系统，包括超声波仪、抽滤装置、离心机、高压灭菌器、恒温干燥箱、生化培养箱、水浴锅、电炉以及超纯水系统、实验用供气系统、样品保存用冰箱、采样箱、冷源和实验室数据处理设备及软件等。

9.3.4 人员配备

1 化验室工作人员主要包括管理人员和检测人员，检测人员不宜少于 10 人。

2 检测人员须经过岗位培训持证上岗。

9.4 供水企业水厂化验室建设

9.4.1 检测能力

应具备日检项目的检测能力，包括浑浊度、色度、嗅和味、肉眼可见物、耗氧量、氨氮、消毒剂余量、细菌总数、总大肠菌群、耐热大肠菌群等指标，以及原水和工艺条件所决定的本水厂需要加强控制的水质指标。

9.4.2 环境建设

水厂化验室面积不宜小于 150m²。功能区划及环境条件见表 9-4。其他要求参照本《实施细则》9.2.2 节。

表 9-4 水厂化验室环境条件要求

序号	区 域	要 求
1	办公室	除一般办公条件外，须具备水质检测报告制作、打印及水质数据专线或互联网上传的条件
2	样品保存及档案室	具备样品保存和档案保管的条件
3	无机实验区	分为理化室、小仪器室、天平室，须具备有关指标的检测条件
4	微生物实验区	无菌环境，与其他实验室有效隔离，具备微生物培养条件，包括培养箱和微生物冰箱等，具备细菌培养台和显微镜操作台
5	试剂库房	分为试剂存放区域和器材存放区域，其中化学试剂中剧毒、危险物品应单独存放，并有必要的隔离措施

9.4.3 设备配置

设备配置应满足检测能力的要求，具体配置参见表9-5。

表9-5 水厂化验室检测设备基本配置

序号	设备名称	检测项目
1	高压灭菌器、恒温干燥箱、无菌操作台、生化培养箱等	总大肠菌群、耐热大肠菌群、菌落总数
2	离心机、无色具塞比色管	色度
3	台式散射浊度仪	浑浊度
4	紫外/可见分光光度计	氨氮、游离余氯、一氯胺、二氧化氯、臭氧
5	水浴锅、电炉、酸式滴定管	耗氧量
6	现场检测及应急监测便携设备	现场检测项目、应急监测项目

除表9-5所列基本设备外，化验室还应配备实验室辅助设备，包括超声波仪、纯水仪、气体钢瓶、通风橱以及玻璃器皿、采样容器、样品保存用冰箱等。

9.4.4 人员配备

1 水厂化验室应配备相应的管理人员和专职检测人员，其中专职检测人员一般不宜少于3人。

2 检测人员应经过岗位培训，熟悉相应标准规范，并熟练掌握检测方法和检测技能。

9.5 水质在线监测

9.5.1 基本要求

1 重点城市的出厂水和地表水厂原水应当安装水质在线监测设备；重点城市管网水和其他城镇的供水系统可根据具体情况自行确定。

2 选择水质在线监测设备，应考虑其检出限和有效量程，检出限一般应低于《生活饮用水卫生标准》GB 5749—2006中相关指标限值的50%，量程应保证检测值对高浓度的有效响应。

同时，应当综合考虑精度、稳定性、价格等技术经济因素。

3 水质在线监测设备的安装、维护及数据有效性判别，应当执行国家、行业有关标准规范，并应按照有关要求对设备定期校验。

4 宜选择通用的数据采集和传输设备及网络系统，并确保数据传输的及时性、准确性和安全性。

5 应结合当地实际需求建设水质预警监控系统，系统应具备数据采集与分析、预警和日常管理等基本功能。

6 水质在线监测站房的建设应符合国家和行业有关标准规范的要求。

9.5.2 原水水质在线监测

1 为保障水厂安全运行，保证供水水质，对原水水质变化较大或水源污染风险较大的地表水厂，可根据具体情况安装原水水质在线监测设备。

2 原水水质在线监测指标（参数）主要包括蓝绿藻/叶绿素、高锰酸盐指数、氨氮、石油类、重金属、生物综合毒性、氰化物、电导率、溶解氧等，指标（参数）配置应根据水源类型和水源具体情况。地震、泥石流等灾害影响地区，应当加强对相关污染物的在线监测，污染物情况复杂时应考虑在取水口配置在线综合毒性监测设备，参见表9-6。

表9-6　原水水质在线监测指标（参数）

水源类型		监　测　指　标
地表水	江、河 常规监测指标	pH、溶解氧、水温、浊度、电导率、高锰酸盐指数、氨氮、石油类、总磷、生物综合毒性
	江、河 选配指标	总铅、总镉、总砷、总汞、六价铬、氰化物、酚类
	湖、库 常规监测指标	pH、溶解氧、水温、浊度、电导率、叶绿素 a（蓝藻、绿藻、褐藻）、石油类、高锰酸盐指数、总磷、总氮、生物综合毒性
	湖、库 选配指标	总铅、总镉、总砷、总汞、六价铬、总氰、挥发酚、氰化物

3 为实现预警，原水水质在线监测设备一般应安装在取水口附近，但受条件限制时也可安装在水厂内。

9.5.3 工艺过程水质在线监测

1 有条件时可安装工艺过程水质在线监测设备。

2 工艺过程水质在线监测，应综合考虑原水水质情况及各单元净水工艺情况，选择适宜的水质在线监测指标（参数）。

3 工艺过程水质在线监测，应根据水厂具体情况对预处理水、沉淀水、滤后水进行在线监测。采用膜处理工艺和活性炭处理工艺的，为监测膜损和炭滤池穿透情况，宜安装颗粒计数仪。

9.5.4 出厂水和管网水水质在线监测

1 出厂水和管网水水质在线监测应以浑浊度和消毒剂余量为主。消毒剂余量的具体监测指标，应根据采用消毒剂的具体种类确定。

2 当水源受咸潮影响时，出厂水和管网水水质在线监测可考虑增加氯化物或电导率指标。

3 管网水水质在线监测点，其布局应与实验室水质检测采样点统筹考虑，应重点考虑管网末梢、混合供水区等易发生水质下降的区域，以及水质污染后社会影响较大的地区。

9.6 应急监测

9.6.1 供水水源潜在污染风险较大的地区，应根据具体情况和实际需要配备用于应急监测的便携检测设备或移动式监测装备，相应的水质化验室亦应具备应急检测方法的能力，以便能够快速取得准确的水质数据，为主管部门和企业决策者提供技术支持。

9.6.2 省、自治区可以根据实际需要，配备车载水质监测设备或专用水质监测车辆，并配有车载发电系统和外接电源，有条件的可考虑装配车载通信系统、摄像系统及数据传输系统。

9.6.3 各省、自治区主管部门应当组织对当地水源水质风险状况、自然灾害等可能的突发事件进行评估，并在完善地方城市供水水质监测网建设和进行统筹规划的基础上，确定是否需要配置车载水质监测设备或专用水质监测车辆。确实需要配置的，要做到有效利用和本地区的资源共享，避免长期闲置造成不必要的浪费。

9.7 城市供水水质监测网建设

9.7.1 各省、自治区、直辖市应加快建设和完善城市供水水质监测网络，统筹规划各级监测站的建设，合理配置各级监测站的仪器设备，做到既能达到覆盖本地区所有城镇供水水质 106 项指标的检测，又要避免仪器设备的闲置和资源的浪费。

9.7.2 供水水源水质污染风险较大的地区，应当在水质监测网络建设的基础上，建立水质预警系统，涵盖各种潜在水质污染风险源，加强水质信息管理，实现本地区信息实时共享，并建立和完善预警机制和快速响应机制，提高应对突发事件的处理处置能力。